算数の探険 ③ 遠山 啓 著

小数と分数

こんにちは，ミクロです。
これから，新しい数の，小数と分数を，
探険します。ミクロの大かつやくがいっ
ぱいよ。よろしくね。

算数の探険 ③
小数と分数
目次

小数ってどんな数？ — 6
1より小さい小数 ———— 10
小数の位取り ———— 11
整数は小数のなかまか？ — 14
小数を直線であらわす ——— 18
2と3とのあいだをくわしく見ると — 19

分数ってどんな数？ — 35
分子が1でない分数 ———— 41
分数のいろいろ ———— 42
仮分数 ———— 43
分数を変形させる ———— 46
分数を直線であらわす ———— 50
おなじ大きさの分数をつくろう ———— 52
倍分と約分 ———— 53

小数のたし算 ———— 21

小数のひき算 ———— 28

分数のたし算 ———— 56

分数のひき算 ———— 62

小数のかけ算 ———— 72
これが小数のかけ算だ！ ———— 78
博士のまとめの話 ———— 84

小数のわり算 ———— 86
ブラックのなん問（小数÷小数）— 90
商がわられる数よりも大きくなる！— 98
わり算にはもうひとつの意味がある — 106
あまりの出る小数÷小数 — 108
わりきれない小数÷小数の計算 — 112

およその数 ———— 116
切り捨て ———— 117
切り上げ ———— 118
四捨五入 ———— 119
大きい数の切り捨て 切り上げ，四捨五入 — 120

数の性質 ———— 128
倍数とはどんな数？ ———— 129
約数とはどんな数？ ———— 135
公倍数の話 ———— 140
公約数の話 ———— 143
最大公約数のもとめかた — 144
最小公倍数のもとめかた — 149

分数の通分とたし算
　　　　ひき算 154

小数と分数の関係 — 164
　整数÷整数は分数になる — 166
　分数を小数に直す ———— 168
　小数を分数に直す ———— 170

分数のかけ算 ———— 172

分数のわり算 ———— 181

逆数の話 ———— 190
　かけ算とわり算がまざった
　　　　計算 192
　加減乗除がまざった
　　　　分数の計算 — 196

オウム　この探険は，第1巻と第2巻の探険が終わっていると，らくなんだけどね。
ピカット　まあ，まかしといてよ。
ユカリ　ピカット君，調子のいいことをいって，だいじょうぶ?
サッカー　でも，小数，分数って，どんな数かな?

おひとよしのマクロが、おしゃまなミクロに、もんだいを出されていた。大きなカップに、いっぱいいれたパインジュース。それがなんℓあるか、きちんといえたら、ぜんぶのめるのだ。

かんたんさ。
1ℓカップを持ってきて。

おや？ 2はいと、ちょっと。はんぱがでちゃったぞ！

ええと、だから2ℓと、……

こまったなあ。はんぱを、どうしようか？

小数って どんな数？

　マクロは，はんぱなジュースで，こまっている。それはマクロが小数という数を，知らなかったからだ。
　それでは，小数っていったいどんな数なんだろうか。

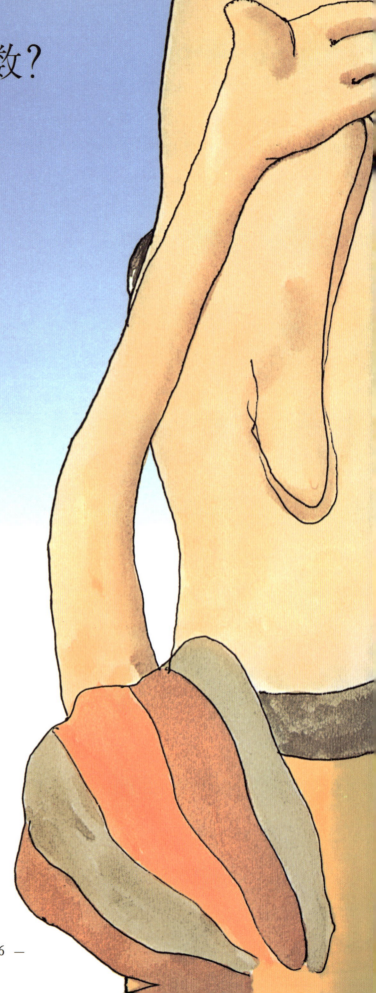

はかせのヒント

はかせ やあ，みんなこまっているようだね。新しい数だから，むりもない。ミクロちゃんに悪いが，みんなにヒントをあげよう。

ここに，タイルがある。よく見てごらん。一のタイルが10こあつまると，1本になって十。十のタイルが10本あつまると，1まいになって百。

では，百をいくつにわけると，十になるか？ 十をいくつにわけると，一になるか？ これが，ヒントだ。

ユカリ 百を10にわけると十になるわ。
サッカー 十も10にわけると一になるけど……。これがヒントだなんて，はかせ！ ほんとうなの？
はかせ そうじゃ。
ピカット わかった！ ピカッときたぞ。

ピカットは，きゅうにニコニコしはじめた。いったい，なにを思いついたのだろうか。

きみたちも，考えてみよう。

ピカットの名あん

ピカット 10ぱい入れると，ちょうど1ℓになるカップで，はかればいいんだ。
ユカリ それは，いいかんがえね。だけど，それでもはんぱがでたら，どうするの？
ピカット そのときは，10ぱいで，そのカップ1ぱい分になるカップで，はかるのさ。
サッカー なるほどね。1ℓカップ，中カップ，小カップだな。よし，さっそくはかってみよう。

きちんと はかれたぞ！
1ℓカップが 2はい
中カップが 3ばい
小カップが 4はいだ。

だけど それは答えじゃないわよ。

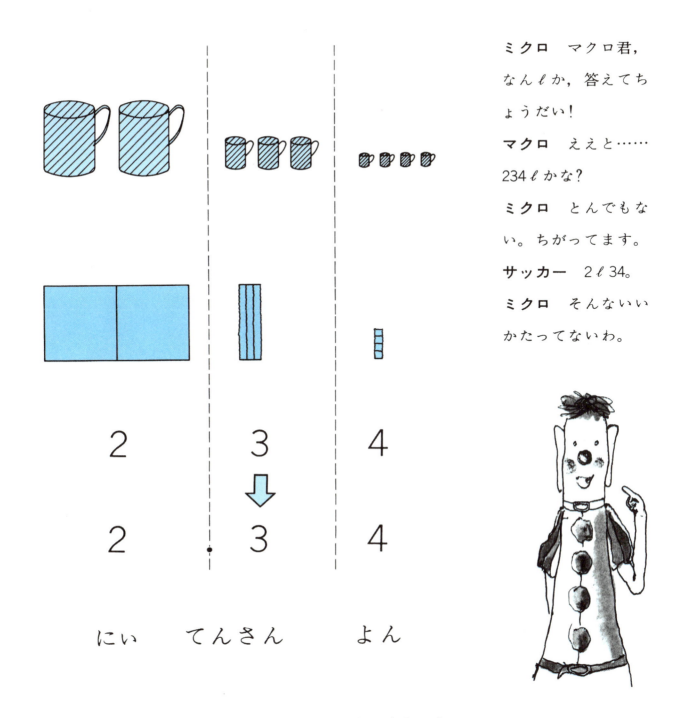

ミクロ マクロ君，なんℓか，答えてちょうだい!

マクロ ええと……234ℓかな?

ミクロ とんでもない。ちがってます。

サッカー 2ℓ34。

ミクロ そんないいかたってないわ。

はかせ みんなよくがんばったが，ミクロちゃんには，まいったようだね。ここは，わしが説明しよう。

上の図を見てごらん。1と，1より小さな部分とを区別するのに，2と3のあいだに．をうつ。そして，

　　　　2.34　　にいてんさんよん

と，よむのじゃ。

このてんは，小数点といい，小数点をつかった数を，小数というのじゃ。

小数点がない数，3とか15とか231などは，整数という。だから，整数は，みんながよく知っている数だね。

マクロ へえ，2.34ℓというのか!

1より小さい小数

さて，マクロは，やっとパインジュースをのむことができたのだが，……。

うまい
うまい

ミクロ　はじめは，2.34ℓ。さあ，マクロ君のんで。

ミクロ　マクロ君が，1ℓのんで，1.34ℓ。

ミクロ　また1ℓのんで，これは，なんℓ？

あら，こまったわ。どうよむのかしら？

.34（てんさんよん）とよんだら，いいんじゃないか？

はかせ　あったものが1つもなくなったときの数は，どんな数かな？
サッカー　0です。あっ，そうか。すると，0.34 れいてんさんよん，ですね。
はかせ　そのとおり。タイルにおきかえると右の図になる。1より小さい小数もあることが，よくわかるじゃろう。

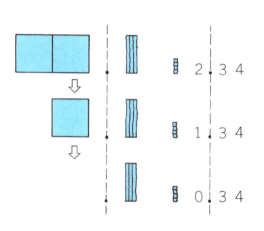

— 10 —

小数の位取り

サッカー はかせ，小数には一，十，百，千のような位はないようだけど，いいんですか？

はかせ もっともなしつもんじゃ。だが，1より小さな部分の位は，ちゃんとある。下の図を見てごらん。1を10等分したものは，なにかな？

サッカー 0.1です。

はかせ 0.1を10等分したものは？

サッカー 0.01です。それじゃ，はかせ，0.01を10等分したら，0.001。それを10等分したら，0.0001ですか？

はかせ そうじゃ。どこまでも10等分して小数をつくれるのじゃ。そこで，小数の0.1の位を小数第1位，0.01の位を小数第2位というようにいう。

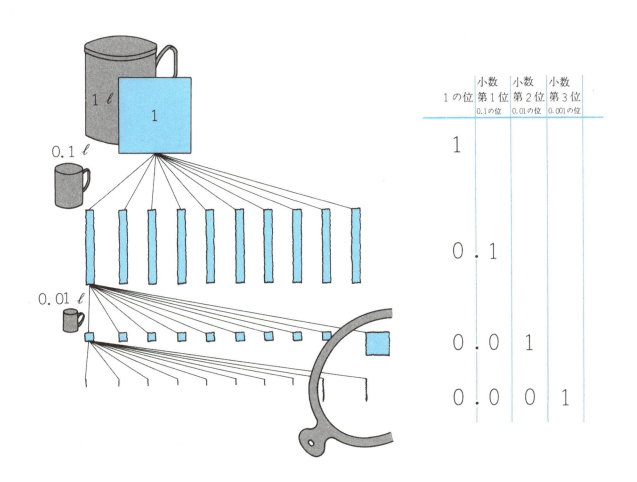

タイル	(タイル図)		
ことば	にいてん よんろく	さんてん ごおろく	
数字	2.46		0.52

はちてん
れいご

0.02

整数は小数のなかまか？

はかせ みんなよくがんばったから，ジュースをあげよう。ジュースは 2.32 ℓ あるが，おもしろいことがわかる。下の図は，2.32 がタイルになっている。

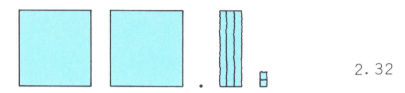

2.32

はかせ さて，ミクロちゃんと，グーグーには，0.01 ℓ のカップであげよう。

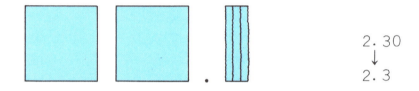

2.30
↓
2.3

はかせ 0.1 ℓ のカップは，ユカリちゃん，サッカー君，ピカット君に。

 .

2.0
↓
2. ＝ 2

ピカット あれ？ 2.0 は小数で，2 は整数だけど，同じなんですね。

はかせ そのとおり。整数の 2 は，小数の 2.0 であり，2.00 でもある。だから整数は，小数のなかまといえるのじゃ。

ヒック！
ジュースをのみすぎちゃった。
なにもないのは，0 ℓ だ。

サッカー へえ！びっくりだ。たとえば 120 は，120.0 にすると，小数にばけちゃうんだね。

ピカット すると，はかせ。整数の 5 は
5＝5.0＝5.00＝5.000＝5.0000＝……
というようになるんですか？

はかせ そうじゃ。整数は .000……がはぶかれている形なんじゃ。

ユカリ それで，整数は小数のなかまといえるわけですね。

やってみよう

おなじか，どちらが大きいか，等号（＝），不等号（＞，＜）であらわそう。

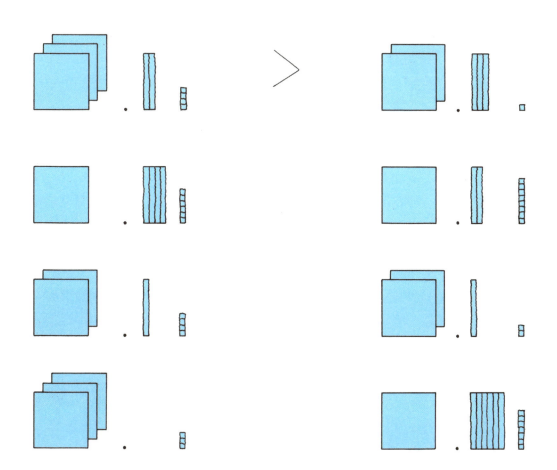

ミクロの実けん

ミクロ この水そうに 1.4 ℓ の水がはいっているそうだけど、ほんとうかどうかたしかめてみましょう。

　と、ミクロは、0.1 ℓ カップをとりだした。

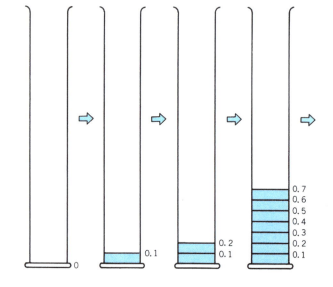

　ミクロは、水を 0.1 ℓ ずつ、ほそ長い水そうに入れて、目もりをつけはじめたのだ。

ミクロ やれやれ，やっと終わった。0.1ℓが14はいでやっぱり1.4ℓね。

はかせ ミクロちゃん，ごくろうだったね。1.4ℓを直線にしたわけだが，さて，1.4のタイルを1列にならべてみると，やはり直線になる。このように，小数も直線で表わすことができるのじゃ。

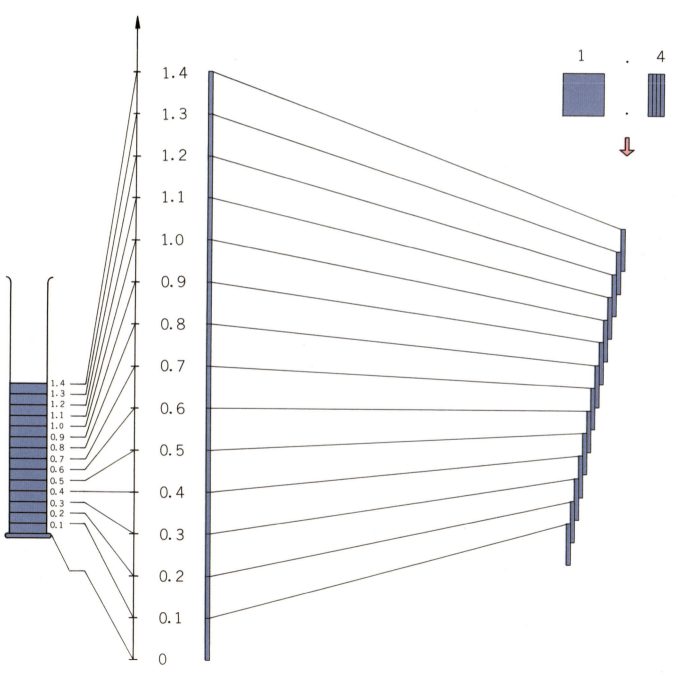

小数を直線であらわす

重さも直線であらわせるよ。

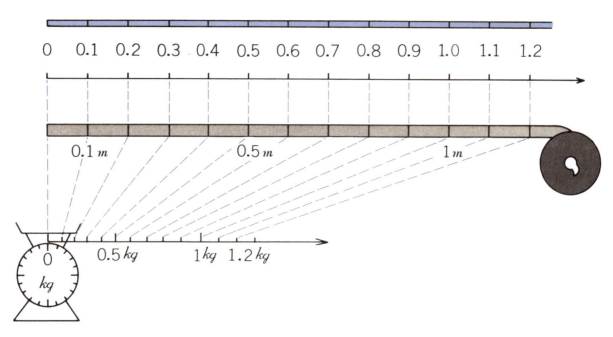

0と0.1のあいだを大きくしてみたら

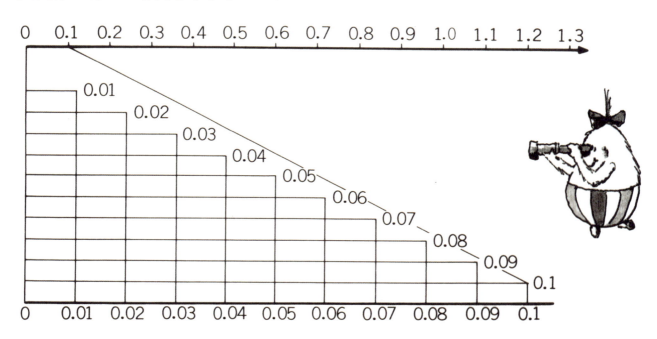

2と3のあいだをくわしく見ると……

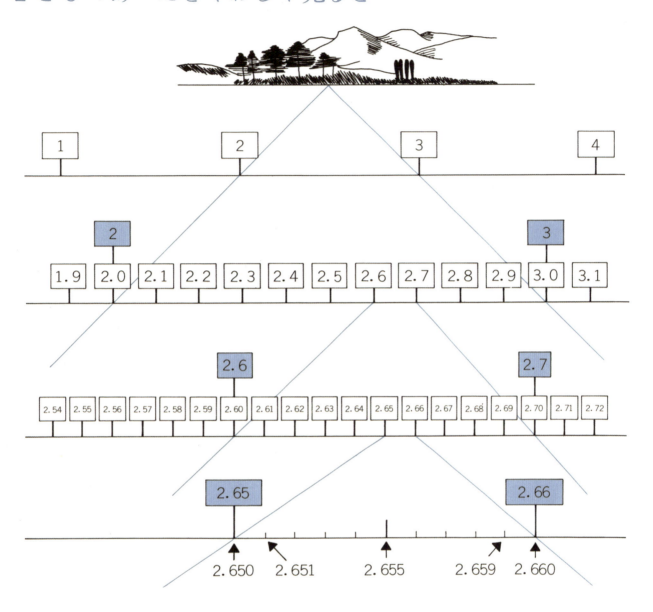

ユカリ うわあ，すごいのね。小数が，ぎっしりならんでる！

サッカー いくらでもこまかくわけられるんだね。

ミクロ そうよ。いくらでも小数の目もりができるわ。

1. つぎのやじるしのところに，数を書こう。

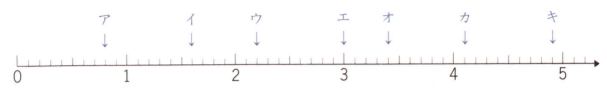

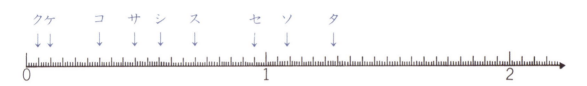

2. つぎのやじるしのところに，数を書こう。

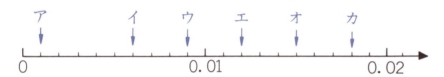

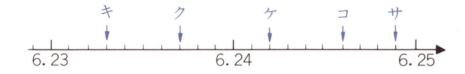

3. つぎの小数を，下の直線に書きこもう。　① 2.3　② 8.026　③ 4.49　④ 8.012
　　⑤ 0.8　⑥ 1.5　⑦ 4.27　⑧ 8.033　⑨ 4.51

小数のたし算

ミクロ こんどは，小数のたし算の探険よ。そのまえに，あたいのお友だちを，しょうかいするわ。こちらから，チックに，タックに，ボーンに，ボン。小数の探険を，あんないしてくれることになったの。
ユカリ かわいい小人さんたちね。どうぞよろしく。

チックのもんだい

アリの兄弟はさとうをはこんだ。兄は 2.34 g，弟は 1.53 g だった。あわせてなん g か？

2.34 g ＋ 1.53 g

1の位	小数第1位 0.1 の位	小数第2位 0.01 の位

```
   2.3 4
+  1.5 3
───────
   3.8 7
```

サッカー 小数点がついていると，計算しにくいなあ。

ユカリ でも，やさしいもんだいだと思うわ。まず位をそろえて。

ピカット ということは，小数点をそろえることだね。それから，下の位からたしていけばいいんじゃないか？

サッカー そうか。小数点をそろえて計算すれば，整数のたし算とおなじなんだね。

答　3.87 g

0.46＋0.32

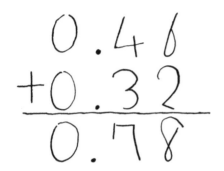

ユカリ あら？1の位が0だわ。でも，おなじことじゃないかしら。答えに小数点をうつことを，わすれないようにすればいいのね。

0.46＋0.83

```
 0.46
+0.83
─────
 1.29
```

ピカット ありゃ？くりあがりがある。気をつけなくちゃ。小数点をそろえておけば，あとは整数の計算とおなじだね。

やってみよう

1.
| 4.57 | 3.81 | 5.21 | 3.74 | 8.43 | 5.79 |
|+3.21|+2.47|+3.84|+6.89|+6.72|+9.58|

2.
| 3.68 | 7.98 | 0.28 | 0.16 | 9.24 | 0.06 |
|+0.51|+0.47|+3.47|+2.63|+0.08|+5.79|

3.
| 0.16 | 0.07 | 0.43 | 0.08 | 0.64 | 0.67 |
|+0.38|+0.82|+0.08|+0.07|+0.82|+0.95|

タックのもんだい

バナナを 3.26 kg と，リンゴを 4.5 kg を買った。あわせて，なん kg か？

3.26 kg + 4.5 kg

1の位	小数第1位 0.1の位	小数第2位 0.01の位

```
  3.26
+ 4.50
  7.76
```

答 7.76 kg

サッカー まず小数点をそろえて，
```
  3.26
+ 4.5
```
なんだかへんな式だな。

ユカリ 小数第2位がないから，そろわないんだわ。

ピカット わかった！そろえられるよ。

4.5 ＝ 4.50

と考えればいい。

サッカー なるほど。さすがピカットだ。

やってみよう

1.
```
  7.63        7.63        3.42     4.86     7.91     0.28
+ 3.2    ➡  + 3.20      + 2.5    + 6.7    + 2.3    + 0.9
              10.83
```

2.
```
  6.4         6.40        8.7      0.3      0.5      0.8
+ 4.58   ➡  + 4.58      + 6.49   + 5.67   + 4.68   + 0.42
              10.98
```

ボーンのもんだい

2.46 cm のテープと，3 cm のテープがある。
あわせて，なんcmか？

2.46 cm ＋ 3 cm

1の位	小数第1位 0.1の位	小数第2位 0.01の位

```
  2.46
+ 3.00
------
  5.46
```

答　5.46 cm

ユカリ　式をたてると

```
  2.46
+ 3
```
あら？ かっこうがわるいわね。でも 3＝3.00 と考えれば，

```
  2.46
+ 3.00
```
になるわ。

サッカー　小数点と0を，つけくわえるんだね。

やってみよう

1.
```
  3.21      6.28      0.49      0.99      0.07      0.2
+ 5       + 8       + 7       + 9       + 4       + 6
```

2.
```
  5          5.00         9         8         6         7
+2.48  ➡  +2.48       +6.14    +0.24    +0.05    +0.9
            7.48
```

ボンのもんだい

ぼくは、朝に 3.14 g のビスケットを、昼に 2.46 g のビスケットをたべた。あわせて、なん g たべたか?

3.14 g ＋ 2.46 g

| 1 の位 | 小数第 1 位 0.1 の位 | 小数第 2 位 0.01 の位 |

```
   3.14
 + 2.46
 ──────
   5.60
    ↓
   5.6
```

答　5.6 g

ピカット　なんだ、やさしいもんだいだぞ。答えは 5.60 g だ。

ユカリ　あら、小数第 2 位の 0 は、いらないんじゃないかしら?

ピカット　あっ、そうだ。5.60＝5.6 だから答えのおしりの 0 はとっていいんだ。

1.　
```
  4.29      4.28      0.34      0.22      0.07      0.39      0.42      0.06
+ 1.41    + 0.62    + 0.96    + 0.48    + 4.43    + 0.81    + 0.18    + 0.04
```

2.　
```
  2.36      3.21      7.67      0.72      0.75      0.97      0.04
+ 5.64    + 4.79    + 0.33    + 5.28    + 0.25    + 0.03    + 0.96
  ────
  8.00
   ↓
   8         0.01      4.6       0.7
          + 0.99    + 2.4     + 0.3
```

— 26 —

まちがいさがし

これは、サッカー君の答案だ。まちがいがあれば、なおそう。

① 3.24+4.53
　　3.24
　＋4.53
　　7.77

② 3.46+2.54
　　3.46
　＋2.54
　　5.90

③ 4.5+8.92
　　4.5
　＋8.92
　　8.37

④ 0.05+6
　　0.05
　＋ 6
　　0.11

⑤ 8+0.01
　　8
　＋0.01
　　8.01

⑥ 0.04+0.96
　　0.04
　＋0.96
　　1.00

あれ！ ひどいなあ。
ぼくの答案をつかうなんて。

小数のひき算

ユカリ まあ，すてきなスタイル！
ピカット ぐっと，くだけているね。
サッカー ぼくよりかっこうがいいな。
ミクロ さあこんどは，小数のひき算が
はじまるのよ。

チック これから，
タック たのしい，
ボーン ひき算を，
ボン はじめます。

チックのもんだい

池に水が 3.65 ℓ あったが,キツネが 1.23 ℓ のんだ。池にのこった水は,なんℓか?

3.65 ℓ − 1.23 ℓ

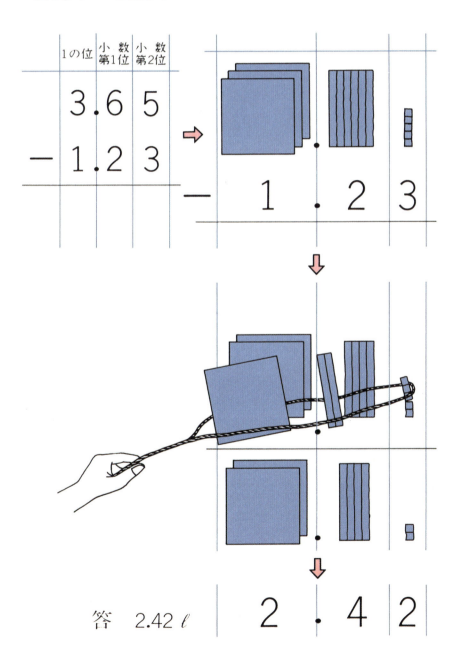

答 2.42 ℓ

サッカー まず位をそろえて,位ごとにひいていけば,いいんじゃないかな?

ピカット うん。ひきかたは,整数のひき算とおなじだね。

ユカリ タイルでやると,よくわかるわ。

3.97−3.45

```
  3.9 7
−　3.4 5
─────────
  0.5 2
```

ユカリ 小数のひき算も，たし算と同じように，位をそろえてひけばいいのね。1の位が0だけど，だいじょうぶ。答えは0.52よ。

7.48−7.43

```
  7.4 8
−　7.4 3
─────────
  0.0 5
```

ピカット ぼくにまかせて。なんだ，ユカリちゃんがやったもんだいとにているな。0が，もう1つふえただけだ。

🖉 やってみよう

6.24	6.03	7.82	4.08	1.02	0.84	0.57	4.58
−3.78	−5.37	−7.74	−0.69	−0.56	−0.63	−0.48	−0.09

1.03	0.67	0.14	0.67	0.15	0.04	4.6	1.3
−0.07	−0.08	−0.06	−0.09	−0.07	−0.02	−2.8	−0.9

タックのもんだい

コオロギの兄は，7.8cmの高さをとび，弟は9.12cmの高さをとんだ。どちらが，なんcm高くとんだか？

9.12 cm − 7.8 cm

```
   9 . 1 2
 − 7 . 8
```

⇩

```
   9 . 1 2
 − 7 . 8 0
   1 . 3 2
```

答 { コオロギの弟が 1.32 cm 高くとんだ

サッカー 7.8＝7.80 だから，
9.12−7.80
にして計算すると，あれ？くりさがりがあるよ。ちょっとにがてだけど，答えは 1.32 cm になるね。

ピカット さっきは，まちがいさがし（27ページ）で，ひどいめにあったからね。だいじょうぶ，あってるよ。

やってみよう

1.　　5.87　　9.46　　6.74　　4.42　　5.34　　5.48　　6.78　　9.34
　　 −3.2　　−3.7　　−4　　 −4.3　　−4.7　　−5.4　　−6.7　　−0.2

　　　5.16　　1.18　　1.41　　0.58　　0.49　　8.43　　6.3　　 9.4
　　 −0.8　　−0.2　　−0.9　　−0.2　　−0.4　　−8　　 −1　　 −9

2. 重さが 4.75 kg あったねこが，びょうきをして，3.8 kg になった。重さは，なん kg へったことになるか？

ボーンのもんだい

3.74 kg のバナナと，2.74 kg のミカンとではどちらが，なん kg 重いか。

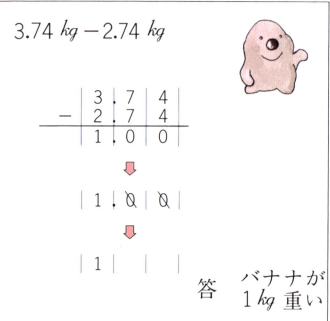

3.74 kg − 2.74 kg

```
  3.7 4
− 2.7 4
─────
  1.0 0
```
⬇
1.0̸0̸
⬇
1

答　バナナが 1 kg 重い

グーグー　なんだかおいしそうなはなしだな。ボクにさせて。
ユカリ　あら？グーグーったらバナナで目がさめたんだわ。だいじょうぶかしら？
グーグー　ひき算だから，ひけばいいんだ。さて答えは 1.00 kg。
ユカリ　答えの小数点と，0は，とらなくちゃだめよ。

やってみよう

1.
| 9.45 | 6.74 | 7.32 | 4.08 | 5.17 | 1.86 | 7.2 |
|−3.45|−4.74|−6.32|−1.08|−0.17|−0.86|−6.2|

2. あるかんづめの重さは 0.8 kg だった。なかみをたべたあと，あきかんの重さをはかったら，0.06 kg になった。なかみはなん kg あったか？

ボンのもんだい

6.8 g あったハチミツを、ねこにたべられた。あとではかったら 2.49 g だった。ねこがたべたのはなん g か？

6.8 g − 2.49 g

```
    6.8
 −  2.49
```

⬇

```
   6.8 0
 − 2.4 9
   4.3 1
```

答　4.31 g

ピカット　小数のたし算のときのように、0をつけくわえて、ひけばいいんだ。
6.80−2.49になって、答えは4.41 g かな？

サッカー　どこか、おかしいな？

ユカリ　あら、ピカット君。くりさがりを忘れているわ。

ピカット　おっと、いけない。あわてちゃって。答えは4.31 g だ。

 やってみよう

1.　　5.8　　　8.3　　　3.4　　　8.4　　　1.6　　　0.5
　　−3.27　　−5.69　　−2.98　　−0.87　　−0.21　　−0.43

　　　4.7　　　1.2　　　0.1　　　6　　　　8　　　　1
　　−0.09　　−0.05　　−0.08　　−2.8　　−3.9　　−0.8

2.　　5　　➡　　5.00　　　6　　　　8　　　　5　　　　6　　　　1　　　　4
　　−3.28　　−3.28　　−4.57　　−7.43　　−4.93　　−0.41　　−0.94　　−0.03
　　　　　　　 1.72

これで，小数のたし算とひき算はおわりだよ。

1. たて書きに直して計算しよう。

　　㋑　9.53 − 7.86　　㋺　18.43 − 8.49　　㋩　18.04 − 0.56

　　㋥　12.31 − 2　　㋭　1.23 − 0.9　　㋬　28 − 3.42

　　㋣　235 − 8.71　　㋠　29 − 0.04　　㋷　4678 − 4.678

　　㋦　100 − 0.08　　㋸　1000 − 10.07

2. 8 m のテープから 7.48 m をきりとった。のこりはなん m か？

3. わたしの父の体重は 76.8 kg で，母は 48.25 kg だ。どちらがどれだけ重いか？

4. デブとノッポの2人の男が，ビールのみきょうそうをした。デブは 10.7 ℓ をのんだ。ノッポはそれより 1.85 ℓ すくなかった。ノッポがのんだビールはなん ℓ か？

5. ぼくの家から学校までは，0.9 km ある。ぼくの家から動物園までは，それよりも 2.15 km はなれている。ぼくの家から動物園まではなん km か？

小数って，小さなこともあらわせる，すてきな数だったわ。つぎは分数の探険ですって。

分数って どんな数?

ミクロ ほら，あれが分数のおしろよ。

ユカリ おかしなかたちをしたおしろね。

サッカー わくわくしちゃうね。すごい探険になりそうだ。

ピカット だけど，分数ってなんだ？

ブラックがあらわれた

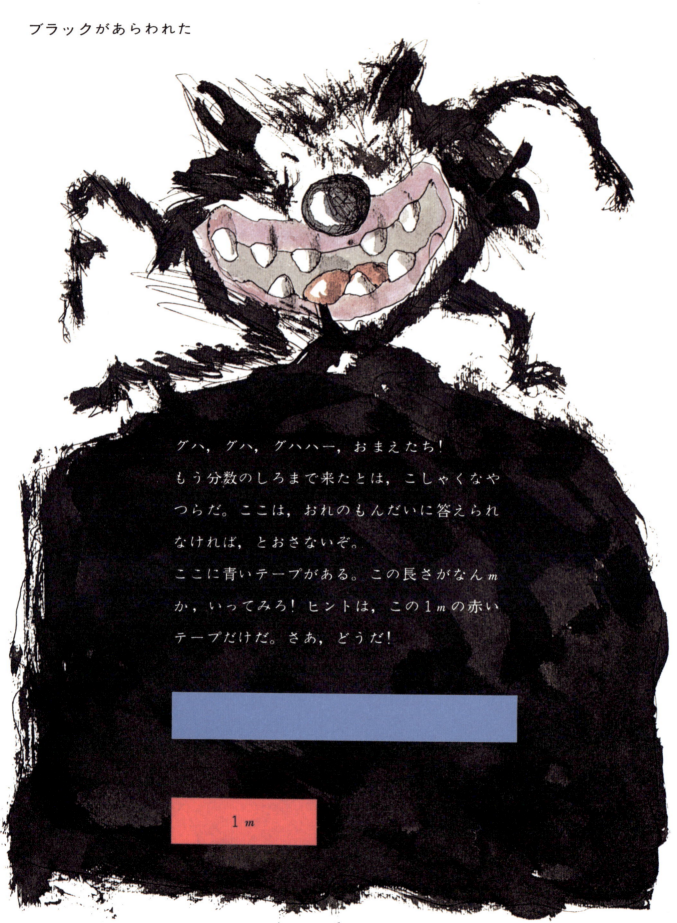

サッカー よし！はかってみよう。

ユカリ できないと，たいへんなことになりそうよ。

ピカット ユカリちゃん，しんぱいしなくていい。サッカー，ぼくにてつだわせてよ。

サッカー うん，たのむよ。

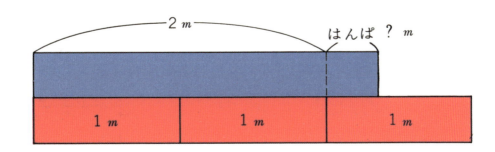

サッカー あれ？ 2mより長いけれど，3mより短いよ。

ユカリ はんぱは，どうするの？

ピカット そうだ，1mを10にわけると0.1mだぞ。

サッカー なるほど。0.1mがいくつあるか，はかってみよう。

ユカリ だめだわ。またはんぱがでたわ。0.3mとちょっと。

ピカット おかしいなあ。それじゃ，0.1mを10にわけてと。0.01mで，この小さなはんぱをはかってみようよ。

ユカリ そうね。がんばって！

サッカー ありゃりゃ？またはんぱがでちゃった。0.03mとちょっとだ。小数じゃ，だめだよ。

ユカリ たいへんだわ！ブラックになんていうの？

ピカット しょうがない。ブラック，青いテープは2.33mだ。

ブラック グハ，グハ，まだはんぱがあるくせに，うそをいうな！とんまなやつらめ。

そこへはかせが、あらわれた。

はかせ わしは教えにきたんじゃない。ヒントをあげにきたのじゃ。

このテープの長さは、小数ではあらわせない。もうひとつのはんぱのあらわしかたが、あるのじゃ。

青テープのはんぱが、いくつで1mになるかしらべてごらん。

ピカット はい、やってみます。サッカー、いっしょにやろう。

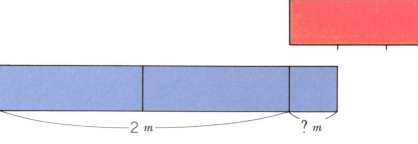

サッカー ちょうどいいぞ！ はんぱは、1mのなかに3つだ。

ズルイのだ！

ユカリ だけど、なんてあらわせばいいの？

はかせ これが「分数」なんじゃ。これは、$\frac{1}{3}$（さんぶんのいち）とあらわす。

ピカット じゃ、青テープは2mと$\frac{1}{3}$mだ。

はかせ たしかにそうだが、分数では、$2\frac{1}{3}$（にとさんぶんのいち）というのじゃ。

サッカー それでわかったぞ。やい、ブラック！この青テープの長さは、$2\frac{1}{3}$mだろう。

ブラック おまえたちはいつもはかせに教えてもらって、ずるいぞ！

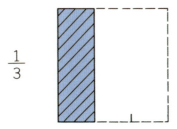

はかせ もうすこし分数のせつめいをしよう。$\frac{1}{3}$ m は 3 つ分で 1 m になる長さであり、また 1 m を 3 つにわけた 1 つ分の長さでもあるということは、みんなわかったろう。これはたいせつなことだから、おぼえていなさい。

この $\frac{1}{3}$ なんだが、よこの線の上を「分子」といい、下の数を「分母」という。おかあさんが、子どもをおんぶしていると考えればいいんじゃ。

サッカー 分数はタイルでもあらわすことができるんですか?

はかせ できるよ。左の図を見てごらん。$\frac{1}{3}$ は、一のタイルを 3 つにわけた 1 つ分で、$\frac{1}{5}$ は 5 つにわけた 1 つ分じゃ。

やってみよう

1. 青テープの長さはなん m か?

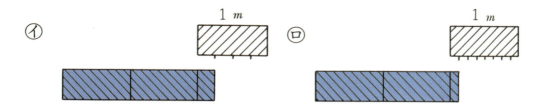

2. 下のタイルを分数で書こう。

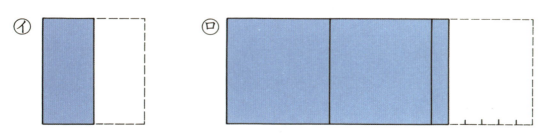

番人がいた

　ブラックをやっつけて，おしろにはいろうとしたら，こんどは番人があらわれた。

番人　まちなさい。わたしのもんだいに答えられたら，おしろに入れてあげよう。
ここに黄色のテープがあるが，この長さがなん m か，はかってほしい。ヒントは 1 m の赤いテープと，ひつようなら青テープを自由に切ってつかっていいということだ。

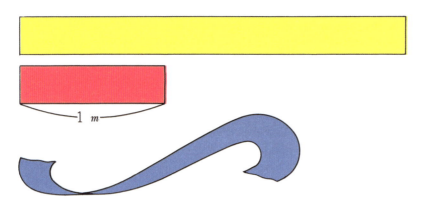

サッカー　ブラックのもんだいと同じだな。
ピカット　それならかんたんさ。

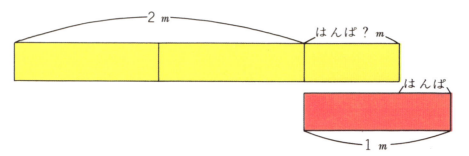

ピカット　1 m が 2 つと，はんぱは 1 m のなかにいくつか，あれ？ 1 つとまたはんぱだ。
ユカリ　こまったわね。
サッカー　でもこの青テープはなんだろう？

分子が1でない分数

ミクロ みんなこまったようね。あたいがおてつだいするわ。青テープにひみつがあるのよ。
はじめのあまりを青テープ①にして、1mをはかるとまたあまりがでる。そのあまりを青テープ②におきかえて、1mにいくつはいるかしらべてみるの。

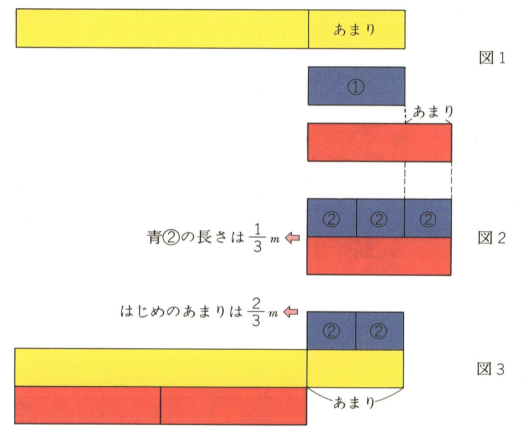

図1

青②の長さは $\frac{1}{3}$ m ←

図2

はじめのあまりは $\frac{2}{3}$ m ←

図3

サッカー ほんとだ。ぴったり3つ分だよ。すると、青テープ②は、$\frac{1}{3}$ m だ。
ピカット わかったぞ。これではじめのあまりをはかればいいんだ。2つ分で、$\frac{2}{3}$ m だね。
ユカリ 番人さん、黄色のテープの長さは、$2\frac{2}{3}$ m よ。

分数のいろいろ

ユカリ　まあ，すてきな大広間！
サッカー　水そうやタイルがならんでるぞ。
ピカット　そうだね。なにをするんだろう？
ミクロ　いろいろな分数のせつめいよ。

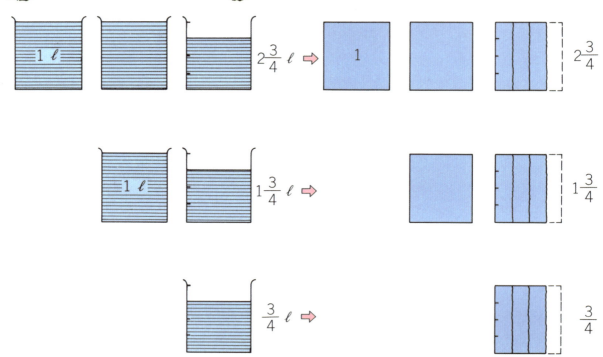

帯分数と真分数

ミクロ　さいしょの水そうの水は$2\frac{3}{4}\ell$。タイルで見ると，よくわかるわね。1ℓへらすと，$1\frac{3}{4}\ell$。また1ℓへらすと，$\frac{3}{4}\ell$で，1ℓよりすくなくなった。$\frac{3}{4}\ell$のように，1よりも小さな分数を，真分数というの。1よりも大きい$2\frac{3}{4}$や$1\frac{3}{4}$のように，整数がついている分数は，帯分数というのよ。

仮分数

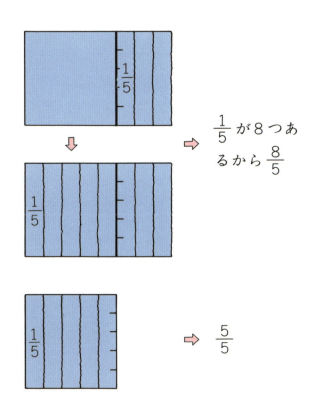

$\dfrac{1}{5}$ が8つあるから $\dfrac{8}{5}$

$\dfrac{5}{5}$

サッカー このタイルは，なんだろう？

ユカリ ふしぎよ。$1\dfrac{3}{5}$ の帯分数が $\dfrac{8}{5}$ になってるわ！

ミクロ ふしぎでしょ。でもよくみると，$1\dfrac{3}{5}$ は $\dfrac{1}{5}$ が8つあるから $\dfrac{8}{5}$ になるでしょう？

ピカット なるほど，1は $\dfrac{5}{5}$ ってことなんだ。

ミクロ そうよ。それでね，$\dfrac{5}{5}$ のように分子と分母がひとしいか，$\dfrac{8}{5}$ のように分子が分母より大きい分数を，仮分数というのよ。

やってみよう

帯分数，真分数，仮分数にわけよう。

$\dfrac{8}{9}$　$2\dfrac{3}{8}$　$\dfrac{5}{7}$　$\dfrac{9}{6}$　$7\dfrac{2}{3}$　$3\dfrac{3}{4}$　$\dfrac{12}{13}$　$\dfrac{29}{29}$　$1\dfrac{1}{5}$　$\dfrac{1}{11}$

$\dfrac{2}{2}$　$\dfrac{9}{8}$　$\dfrac{1}{10}$　$\dfrac{9}{38}$　$\dfrac{5}{4}$　$1\dfrac{3}{14}$　$10\dfrac{1}{3}$　$\dfrac{8}{7}$　$\dfrac{9}{9}$

ぼくは仮分数

わたしは真分数

ぼくは帯分数

分数を変形させる

はかせ やあ，みんなよくがんばった。このへやは，分数が変形することを見せてくれるところだ。にんじゃの変身を知っているじゃろう？

サッカー へえ？分数が変身するの？

はかせ ああ，そうだ。わしがあんないしてあげよう。

帯分数を仮分数に

$$2\frac{3}{4} = \frac{?}{4}$$

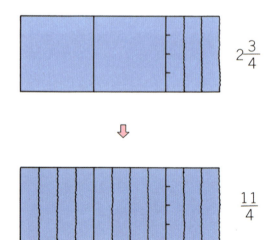

$4 \times 2 + 3 = 11$

サッカー $\frac{3}{4}$ は，1のタイルを4つにわけた3つ分だね。

ピカット そうそう。だから1のタイルは $\frac{4}{4}$ だ。すると2は，$\frac{1}{4}$ が4×2で，8つ分ある。

ユカリ じゃ，ぜんぶで $\frac{1}{4}$ は，8+3で，11あるってことだから，あら，ほんとに $\frac{11}{4}$ になったわ。これは，仮分数ね。

はかせ 帯分数を仮分数に直すには，分母と整数部分をかけて，それに分子をたしたものを分子とする，ということだ。

整数を仮分数に

$2 = \dfrac{?}{?}$

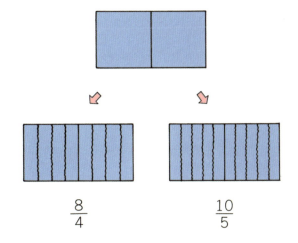

$\dfrac{8}{4}$　　　$\dfrac{10}{5}$

はかせ　整数を仮分数になおすのだが,なにか気がついたかな？

ピカット　分母は4や5でなくても,仮分数になるんじゃないかな？だって,分母が3のときは$\dfrac{6}{3}$,6のときは$\dfrac{12}{6}$という仮分数になるはずだけど,……。

はかせ　なかなかいいところに気がついた。ピカットのいうように,
$2=\dfrac{2}{1}=\dfrac{4}{2}=\dfrac{6}{3}=\dfrac{8}{4}=\dfrac{10}{5}=\dfrac{12}{6}=\dfrac{14}{7}=……$
と,いくらでもかんがえられるね。
整数は,あらわそうとする分数の分母と整数をかけ,それを分子とすれば,どんな仮分数の形にでもあらわせる,ということじゃ。

帯分数を帯仮分数に

$2\dfrac{3}{4} = 1\dfrac{?}{4}$

$2\dfrac{3}{4}$

↓

$1\dfrac{7}{4}$

$4×1+3$

サッカー　あれ？なんだかへんなヘンシンだなあ？

はかせ　こういう変形もあるんじゃ。これは帯分数と仮分数のりょうほうの形を持っているから,帯仮分数といえる。

ユカリ　ヘンシンをとちゅうでやめたみたいだわ。

仮分数を帯分数に

$\frac{11}{4} = ?\frac{?}{4}$

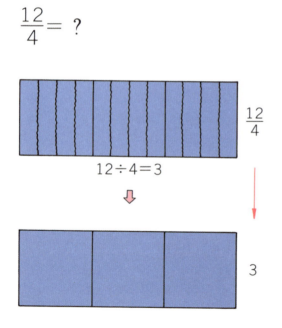

ユカリ これならできそう。$\frac{4}{4}$ は整数の1でしょ。だから分子の11のなかに4がいくつあるかしらべればいいのよ。

サッカー すると 11÷4 か。

ピカット そうだね。けいさんすると，2あまり3だ。このあまりの3が，分子というわけ。

はかせ まとめると，分子を分母でわった答えを整数部分とし，あまりを分子とするということじゃ。

仮分数を整数に

$\frac{12}{4} = ?$

サッカー 仮分数が整数になるって？ 12÷4＝3 で，わりきれるけど。

ピカット わりきれるから，整数になっちゃうんだよ。

はかせ そのとおりじゃ。このように，整数というのは，分数のとくべつな形でもある。

帯仮分数を帯分数に

$2\frac{7}{4} = ?\frac{?}{4}$

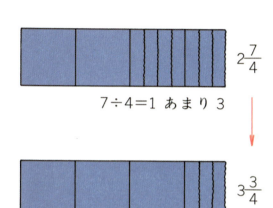

ピカット ぼくが変身させちゃおうっと。7÷4＝1 あまり 3 だからね、$1\frac{3}{4}$ だ。

ユカリ あら、はじめからある整数の 2 はどうしたの？

ピカット あっ、いけない。2 をたすのをわすれちゃった。すると、$3\frac{3}{4}$ だね。

サッカー 分数の変身って、たのしいや。下に問題があるから、どんどん変身させちゃおうよ。

やってみよう

1. つぎの帯分数を仮分数に直そう。

   $3\frac{3}{7}$　　$7\frac{1}{3}$　　$2\frac{3}{8}$

   $8\frac{1}{4}$　　$2\frac{5}{6}$　　$7\frac{1}{9}$

2. □のなかにあう数をもとめよう。

   $3\frac{1}{6} = 2\frac{□}{6}$　　$7\frac{3}{4} = 6\frac{□}{4}$

   $3\frac{2}{5} = 2\frac{□}{5}$　　$4 = \frac{□}{6}$

3. つぎの仮分数を、帯分数か整数に直そう。

   $\frac{17}{3}$　　$\frac{20}{4}$　　$\frac{8}{7}$　　$\frac{13}{5}$

   $\frac{64}{8}$　　$\frac{53}{6}$　　$\frac{45}{9}$　　$\frac{15}{2}$

4. □にあう数はなにか。（帯仮分数→帯分数）

   $4\frac{19}{6} = □\frac{□}{6}$　　$3\frac{9}{2} = □\frac{□}{2}$

   $1\frac{7}{5} = □\frac{□}{5}$　　$2\frac{15}{4} = □\frac{□}{4}$

分数を直線であらわす

ミクロ 分数も、小数のように、直線でみると、よくわかるわよ。$2\frac{2}{3}$ のタイルを1列にならべると、ほうら、直線ができたでしょう。

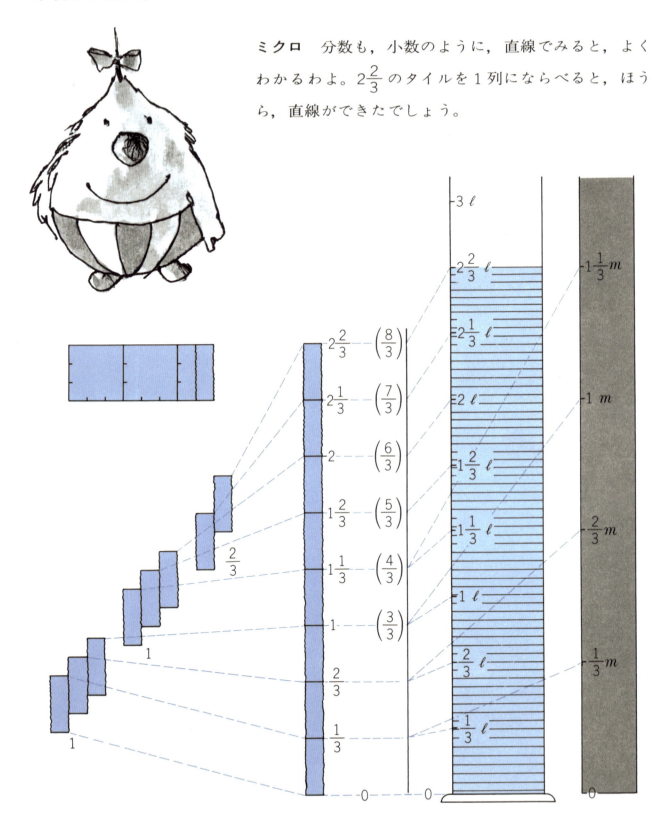

1. 分母が6の分数を，直線上にかいた。

   下の ①から⑦ までの棒の大きさを，分数でかこう。

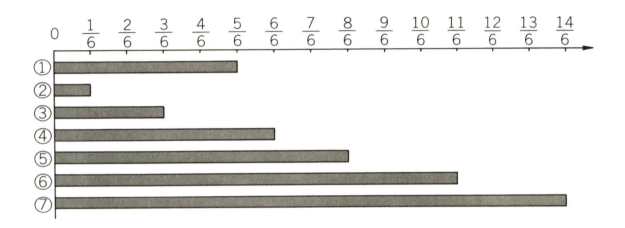

2. つぎの分数のカードは，下の直線のどこにおいたらいいか？

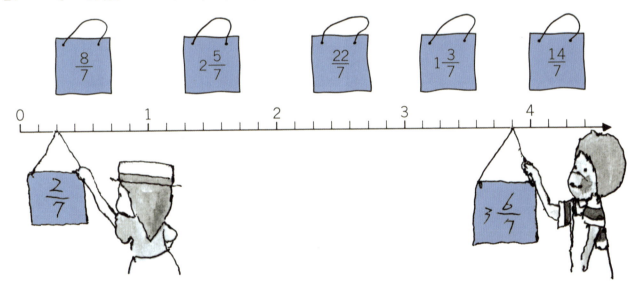

3. 下の分数で，大きい分数はどちらか？ 不等号（>，<）をつかってあらわせ。

$\left(\dfrac{3}{5}<\dfrac{4}{5}\right)$ $\left(2\dfrac{13}{10}\quad 1\dfrac{17}{10}\right)$ $\left(2\dfrac{5}{7}\quad 2\dfrac{3}{7}\right)$ $\left(\dfrac{1}{2}\quad \dfrac{4}{4}\right)$ $\left(\dfrac{7}{4}\quad 1\right)$

$\left(2\dfrac{2}{3}\quad 1\dfrac{2}{3}\right)$ $\left(\dfrac{12}{8}\quad 1\dfrac{3}{8}\right)$ $\left(1\quad \dfrac{3}{4}\right)$ $\left(\dfrac{12}{6}\quad \dfrac{5}{2}\right)$

— 51 —

おなじ大きさの分数をつくろう

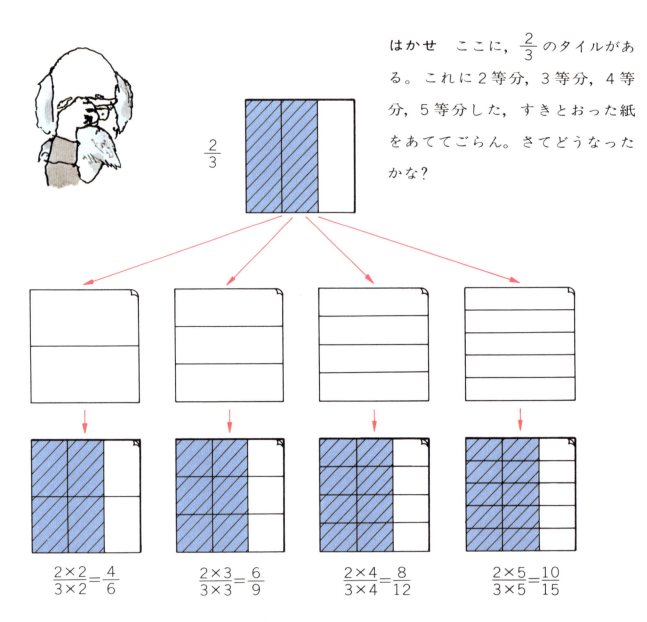

はかせ ここに，$\frac{2}{3}$のタイルがある。これに2等分，3等分，4等分，5等分した，すきとおった紙をあててごらん。さてどうなったかな？

ユカリ 2等分の紙をあてたら，$\frac{2}{3}$のタイルが，$\frac{4}{6}$になったわ。

サッカー 3等分のほうは$\frac{6}{9}$だ。4等分は$\frac{8}{12}$で，5等分は$\frac{10}{15}$だぞ。

ピカット すごいな。でも，同じ$\frac{2}{3}$のタイルが，なぜ変わってしまうのかな？ $\frac{4}{6}$，$\frac{6}{9}$，$\frac{8}{12}$，$\frac{10}{15}$，……まるでかけ算みたいだ。そうか，やっぱりかけ算だよ。分子と分母に，同じ数をかけているんだ。$\frac{4}{6}$は，$\frac{2}{3}$の分子と分母に2をかけたものさ。

サッカー なるほど。$\frac{6}{9}$は，$\frac{2}{3}$の分子と分母に3をかけてる。ということは，かさねた紙の等分の数をかけたってことじゃないか。

倍分と約分

ユカリ さすがピカット君。どれも分子と分母に同じ数をかけているわ。だから $\frac{2}{3}$ の大きさは，かわっていないわけね。

はかせ そうじゃ。このことを，倍分とよんでいる。

> 分母，分子に同じ数をかけても分数の大きさはかわらない。
>
> 分母，分子に同じ数をかけて，もとの分数と等しい大きさの分数をつくることを倍分する，という。

はかせ こんどは，すきとおった紙をとってごらん。どれも $\frac{2}{3}$ のタイルになるね。さて，なにをしたのかな？

ピカット はかせ，分子と分母を，同じ数でわったんでしょう？

はかせ そのとおりじゃ。これを，約分というんだが，みんなでたしかめてみよう。

$$\frac{4 \div 2}{6 \div 2} = \frac{2}{3} \qquad \frac{6 \div 3}{9 \div 3} = \frac{2}{3} \qquad \frac{8 \div 4}{12 \div 4} = \frac{2}{3} \qquad \frac{10 \div 5}{15 \div 5} = \frac{2}{3}$$

> 分母，分子を同じ数でわっても分数の大きさはかわらない。
>
> 分母，分子を同じ数でわって，もとの分数と等しい大きさの分数をつくることを約分する，という。

やってみよう

1. 分母と分子に 4 をかけて，等しい大きさの分数をつくろう。（倍分）

$$\frac{1}{2} \quad \frac{2}{3} \quad \frac{3}{4} \quad \frac{2}{5} \quad \frac{5}{6} \quad \frac{6}{7} \quad \frac{11}{12} \quad \frac{18}{17} \quad \frac{6}{1}$$

2. 倍分して分母が 24 の分数に直そう。

$$\frac{1}{3} \quad \frac{5}{6} \quad \frac{3}{4} \quad \frac{5}{8} \quad \frac{7}{12} \quad \frac{1}{2}$$

3. 分母と分子を 2 でわって約分しよう。

$$\frac{2}{4} \quad \frac{4}{6} \quad \frac{6}{8} \quad \frac{8}{10} \quad \frac{2}{8} \quad \frac{10}{12} \quad \frac{6}{16}$$

はかせ 倍分しても，約分しても，分数の大きさは，かわらなかった。このことが，もっとよくわかるのが，下の図じゃ。

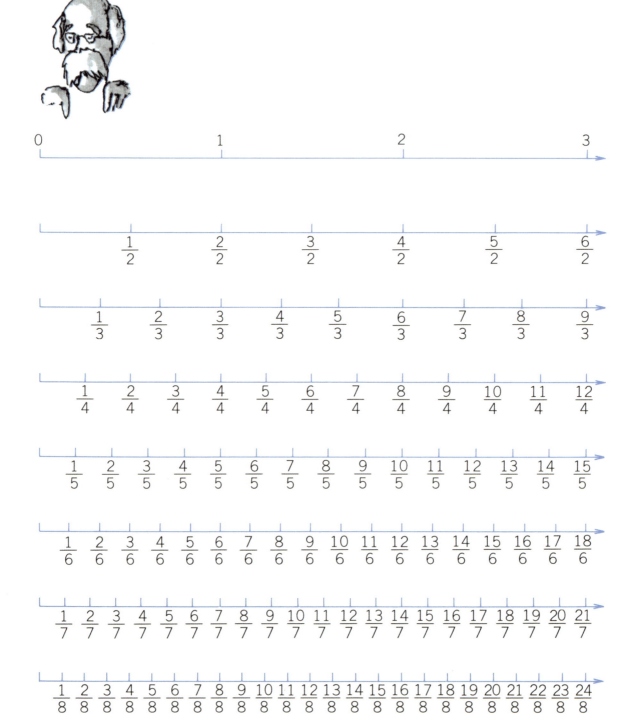

ユカリ 上から下への変形は倍分で，下から上へは約分だわ。

サッカー うん。よくわかるよ。ぼくも，この図をつくってみようっと。

君たちが分数を
ヘンシンさせるんだ。

1. □のなかの数はなんだろう。

$\frac{1}{4}=\frac{□}{8}=\frac{□}{12}=\frac{□}{24}=\frac{□}{16}$ $\frac{3}{7}=\frac{6}{□}=\frac{9}{□}=\frac{12}{□}$ $\frac{5}{9}=\frac{□}{18}=\frac{15}{□}=\frac{□}{36}=\frac{35}{□}$

$\frac{2}{5}=\frac{□}{20}=\frac{16}{□}=\frac{□}{45}$ $\frac{24}{36}=\frac{□}{24}=\frac{□}{18}=\frac{□}{9}=\frac{□}{3}$ $\frac{16}{20}=\frac{8}{□}=\frac{4}{□}$

2. つぎの分数の分母と分子を 7 で約分しよう。

$\frac{7}{14}$ $\frac{21}{35}$ $\frac{35}{28}$ $\frac{14}{21}$ $\frac{42}{63}$ $\frac{98}{49}$ $\frac{35}{42}$ $\frac{28}{7}$ $\frac{84}{98}$ $\frac{147}{84}$ $\frac{7}{147}$

3. つぎの分数を（　）のなかの数でわって，約分しよう。

$\frac{8}{12}$ （ 4 ） $\frac{30}{18}$ （ 6 ） $\frac{81}{45}$ （ 9 ） $\frac{70}{105}$ （ 5 ） $\frac{49}{84}$ （ 7 ） $\frac{111}{21}$ （ 3 ） $\frac{195}{91}$ （ 13 ）

4. つぎの分数を，約分できるだけ，約分しよう。

$\frac{4}{8}$ $\frac{10}{60}$ $\frac{36}{24}$ $3\frac{4}{12}$ $8\frac{2}{4}$ $7\frac{8}{6}$ $5\frac{10}{12}$

分数のたし算

サッカー おや？ 大きなドアがあるぞ。

ピカット なにか問題が書いてあるね。分数のたし算かな？

ユカリ そうだわ。この問題をとくと，ドアがあくんだって。

サッカー よし，さっそくやってみよう。

分数のたし算 第1のへや

2ひきのさるがバナナジュースをつくった。
それぞれ $\frac{3}{7}\ell$ と $\frac{2}{7}\ell$ だ。あわせてなん ℓ か？

$\frac{3}{7}\ell + \frac{2}{7}\ell$

ユカリ $\frac{3}{7}$ は，1を7つにわけた3つ分で，$\frac{2}{7}$ は，2つ分でしょ。あわせると，$\frac{1}{7}$ が5つ分で，$\frac{5}{7}$ になるわ。

サッカー あれ？ そうか。ぼくは $\frac{3}{7}+\frac{2}{7}=\frac{5}{14}$ にしちゃった。

ピカット だめだめ，サッカー。分母をそのままにして，分子だけをたすんだよ。こんなことでまちがえていたら，これからの探険ができなくなるぞ。

ユカリ あら？ ピカット君だってまちがえることが，あるでしょ。

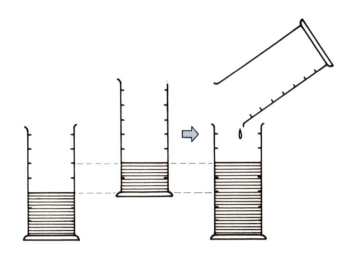

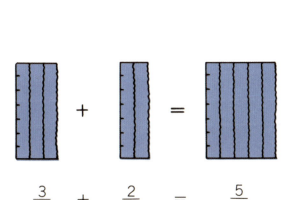

$\frac{3}{7} + \frac{2}{7} = \frac{5}{7}$

答 $\frac{5}{7}\ell$

分数のたし算 第2のへや

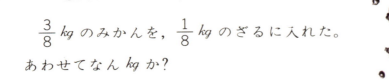

$\frac{3}{8}kg + \frac{1}{8}kg$

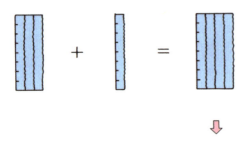

$\frac{3}{8} + \frac{1}{8} = \frac{4}{8} = \frac{1}{2}$

答 $\frac{1}{2}kg$

ピカット 分母をそのままにして分子をたすと，$\frac{4}{8}$だ。だけどこの分数は，約分ができるぞ。分子も分母も2でわれるから，$\frac{2}{4}$だね。

サッカー もっと約分できるよ。$\frac{2}{4}$は，分子も分母も2でわれるだろう。だから答えは，$\frac{1}{2}kg$さ。

ユカリ サッカー君のいうとおりだわ。でも$\frac{4}{8}$は，分子も分母も4でわれるんじゃないかしら？

ピカット そうだね。$\frac{4 \div 4}{8 \div 4}$で，$\frac{1}{2}$になる。約分1回で，できるね。これから約分に気をつけなくちゃ。

 やってみよう

1. $\frac{2}{5}+\frac{1}{5}$ $\frac{4}{7}+\frac{2}{7}$ $\frac{5}{11}+\frac{3}{11}$ $\frac{1}{3}+\frac{1}{3}$ $\frac{6}{13}+\frac{5}{13}$ $\frac{16}{19}+\frac{2}{19}$ $\frac{3}{17}+\frac{2}{17}$

2. $\frac{1}{4}+\frac{1}{4}$ $\frac{3}{8}+\frac{3}{8}$ $\frac{2}{9}+\frac{4}{9}$ $\frac{1}{6}+\frac{1}{6}$ $\frac{3}{10}+\frac{1}{10}$ $\frac{7}{12}+\frac{1}{12}$ $\frac{2}{21}+\frac{5}{21}$

   $\frac{2}{15}+\frac{8}{15}$ $\frac{5}{16}+\frac{3}{16}$ $\frac{7}{18}+\frac{5}{18}$

分数のたし算 第3のへや

イチゴ水 $1\frac{2}{5}\ell$, ミルク $2\frac{1}{5}\ell$ で, イチゴミルクをつくった。イチゴミルクは何 ℓ か？

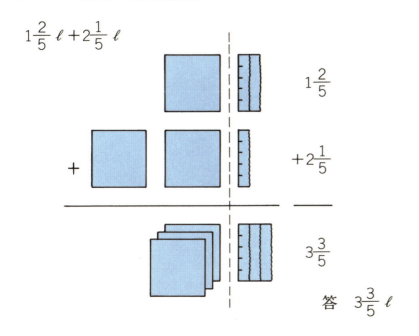

答 $3\frac{3}{5}\ell$

ユカリ 帯分数だから, 整数部分と分数部分にわけて計算するのかしら？

ピカット うん。タイルで見ると, そのとおりだ。

サッカー 帯分数のたし算は, 整数の部分は整数の部分で, 分数の部分は分数の部分どうしで, たす, というのが, けつろんだね。

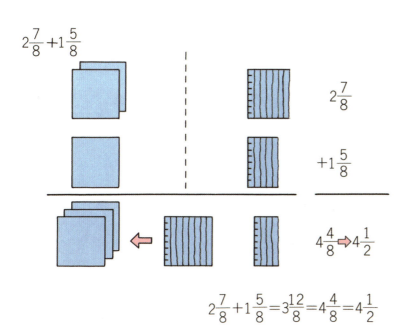

$2\frac{7}{8}+1\frac{5}{8}=3\frac{12}{8}=4\frac{4}{8}=4\frac{1}{2}$

サッカー 整数部分は3。分数部分は $\frac{12}{8}$ で, 仮分数になったよ。帯分数に直すと, 答えは, $4\frac{4}{8}$ だ。

ユカリ あら, $\frac{4}{8}$ は約分できるんじゃないかしら？

ピカット できるできる。

サッカー いけない。分子も分母も, 4でわれるね。

分数のたし算 第4のへや

小人のチックの家の庭は $2\frac{7}{12}$ m², タックの庭は $1\frac{5}{12}$ m² ある。あわせて何 m² か？

$2\frac{7}{12}$ m² $+1\frac{5}{12}$ m²

 $2\frac{7}{12}$

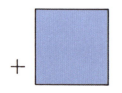 $+1\frac{5}{12}$

 $3\frac{12}{12}=4$

答　4 m²

ユカリ　整数どうしをたして3, 分数どうしをたして $\frac{12}{12}$ だから, 答えは $3\frac{12}{12}$ ね。あら, $\frac{12}{12}$ は1のことだから, くりあがって, 答えは4になるわ。

サッカー　なるほど, 分数と分数をたして, 整数になることがあるんだね。

やってみよう

1.　$4\frac{1}{5}+3\frac{2}{5}$　　$1\frac{2}{7}+5\frac{4}{7}$　　$3\frac{1}{9}+4\frac{4}{9}$　　$5\frac{7}{13}+4\frac{3}{13}$　　$35\frac{14}{29}+12\frac{13}{29}$

2.　$3\frac{1}{4}+2\frac{1}{4}$　　$4\frac{3}{8}+5\frac{1}{8}$　　$6\frac{2}{9}+3\frac{4}{9}$　　$6\frac{2}{15}+4\frac{7}{15}$　　$35\frac{3}{25}+25\frac{7}{25}$

3.　$3\frac{2}{5}+6\frac{4}{5}$　　$4\frac{5}{11}+5\frac{10}{11}$　　$7\frac{15}{19}+5\frac{6}{19}$　　$6\frac{3}{4}+2\frac{3}{4}$　　$3\frac{7}{8}+4\frac{5}{8}$　　$1\frac{13}{16}+4\frac{5}{16}$

4.　$3\frac{1}{6}+4\frac{5}{6}$　　$3\frac{5}{9}+2\frac{4}{9}$　　$28\frac{21}{43}+21\frac{23}{43}$　　$2\frac{3}{5}+\frac{1}{5}$　　$\frac{1}{4}+8\frac{1}{4}$　　$3\frac{1}{5}+\frac{4}{5}$

だれが，どうまちがえて いるかしら？

1. まちがいがあれば，直そう。

ピカット
$10\frac{3}{16} + 12\frac{7}{16} = 22\frac{10}{16} = 22\frac{5}{8}$

ユカリ
$4\frac{7}{10} + 8\frac{5}{10} = 12\frac{16}{10} = 12\frac{6}{10}$

サッカー
$3\frac{3}{7} + 5\frac{4}{7} = 8\frac{7}{7} = 9$

グーグー
$6\frac{17}{11} + \frac{8}{11} = 6\frac{15}{22}$

2. へいにペンキをぬった。きのうは $12\frac{2}{9}$ m² ぬり，きょうは $13\frac{8}{9}$ m² ぬった。2日間で何 m² ぬったか？

3. 山にくりひろいにいって，まさお君は $3\frac{2}{5}$ kg，ゆう子さんは $2\frac{3}{5}$ kg ひろった。あわせて何 kg か？

4. たかし君の学校に，2つのプールがある。小さなプールには，$2275\frac{6}{7}$ m³ の水がはいり，大きいプールには，それより $3245\frac{4}{7}$ m³ おおく水がはいる。大きいほうのプールには，何 m³ の水がはいるか？

分数のひき算

　分数のしろの3階へのぼっていくと，またドアがあった。そのドアに「分数のひき算」と書いてある。

ユカリ　たし算が終わったから，こんどはひき算ね。

ピカット　こんどは，まちがわないぞ。

サッカー　問題がでているよ。

分数のひき算 第1のへや

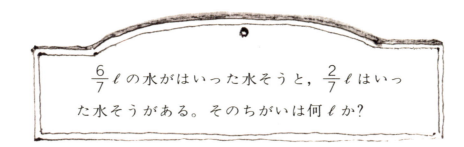

$\frac{6}{7}$ℓ の水がはいった水そうと，$\frac{2}{7}$ℓ はいった水そうがある。そのちがいは何ℓか？

$\frac{6}{7}ℓ - \frac{2}{7}ℓ$

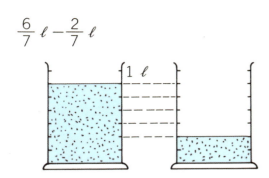

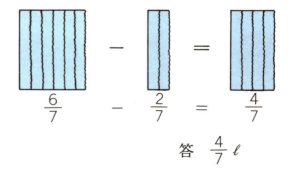

$\frac{6}{7} - \frac{2}{7} = \frac{4}{7}$

答 $\frac{4}{7}$ℓ

ピカット 式は $\frac{6}{7}ℓ - \frac{2}{7}ℓ$ だ。

サッカー $\frac{6}{7}ℓ$ は1ℓを7つにわけた6つ分で，$\frac{2}{7}ℓ$ は2つ分だから，4つ分ちがうことになる。すると $\frac{4}{7}ℓ$ だ。

ユカリ タイルでやってみると，やっぱり $\frac{4}{7}$ だわ。

ピカット なるほど。たし算と同じなんだ。分母をそのままにして，分子だけでひき算をすればいいんだよ。

やってみよう

1. $\frac{3}{5} - \frac{2}{5}$　$\frac{7}{9} - \frac{5}{9}$　$\frac{8}{13} - \frac{7}{13}$　$\frac{16}{25} - \frac{4}{25}$　$\frac{13}{17} - \frac{5}{17}$　$\frac{16}{23} - \frac{15}{23}$　$\frac{9}{11} - \frac{2}{11}$

2. $\boxed{\frac{5}{6} - \frac{1}{6} = \frac{4}{6} = \frac{2}{3}}$　$\frac{3}{4} - \frac{1}{4}$　$\frac{5}{8} - \frac{3}{8}$　$\frac{8}{9} - \frac{2}{9}$　$\frac{9}{10} - \frac{3}{10}$　$\frac{7}{12} - \frac{5}{12}$

分数のひき算 第2のへや

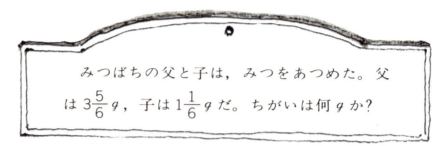

みつばちの父と子は，みつをあつめた。父は $3\frac{5}{6}g$，子は $1\frac{1}{6}g$ だ。ちがいは何 g か？

$3\frac{5}{6}g - 1\frac{1}{6}g$

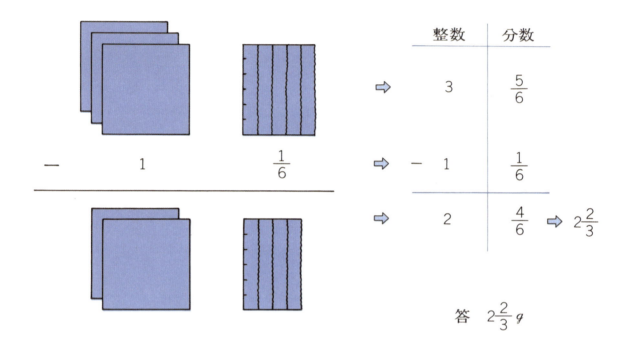

答　$2\frac{2}{3}g$

ユカリ　たし算と同じように，整数部分は整数部分どうしで，分数部分は分数部分どうしでひき算するってことね。

ピカット　それで答えは $2\frac{4}{6}$ だけど，約分ができるよ。約分すると $2\frac{2}{3}$ だ。

サッカー　約分があるかないか，いつも気をつけなくちゃね。

いつも，約分に気をつけてね。

分数のひき算 第3のへや

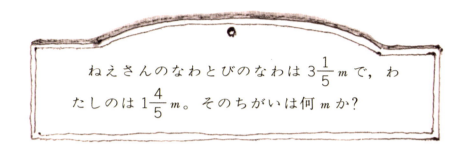

ねえさんのなわとびのなわは $3\frac{1}{5}$ m で，わたしのは $1\frac{4}{5}$ m。そのちがいは何 m か？

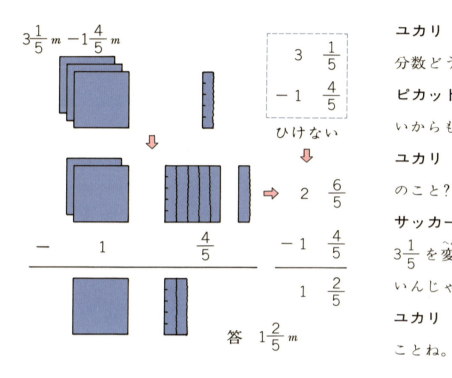

ユカリ 整数どうしはひけるけど分数どうしは，ひけないわ。

ピカット そのときはうえのくらいからもらってこなくちゃ。

ユカリ うえのくらいって，整数のこと？

サッカー そうそう，できるよ。$3\frac{1}{5}$ を変形させて $2\frac{6}{5}$ にすればいいんじゃないかな。

ユカリ わかった，くりさがりのことね。

やってみよう

1. $3\frac{4}{5}-1\frac{1}{5}$ $9\frac{6}{13}-4\frac{2}{13}$ $4\frac{5}{6}-2\frac{1}{6}$ $6\frac{5}{8}-4\frac{3}{8}$ $10\frac{7}{9}-5\frac{4}{9}$ $10\frac{7}{10}-9\frac{3}{10}$

2. $4\frac{2}{5}-2\frac{3}{5}$ $5\frac{2}{7}-2\frac{6}{7}$ $7\frac{4}{9}-3\frac{5}{9}$ $10\frac{3}{11}-3\frac{6}{11}$ $7\frac{3}{13}-2\frac{9}{13}$ $9\frac{26}{29}-2\frac{28}{29}$

3. $6\frac{1}{4}-3\frac{3}{4}=5\frac{5}{4}-3\frac{3}{4}$ $6\frac{3}{8}-4\frac{7}{8}$ $5\frac{1}{6}-3\frac{5}{6}$ $10\frac{2}{9}-7\frac{5}{9}$ $6\frac{3}{10}-1\frac{7}{10}$

   $=2\frac{2}{4}=2\frac{1}{2}$ $9\frac{7}{12}-4\frac{11}{12}$ $8\frac{3}{14}-3\frac{5}{14}$ $7\frac{9}{16}-4\frac{15}{16}$

分数のひき算 第4のへや

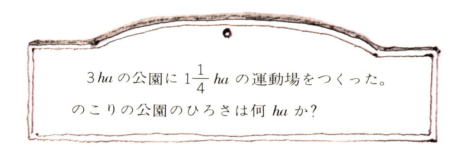

3 ha の公園に $1\frac{1}{4}$ ha の運動場をつくった。のこりの公園のひろさは何 ha か？

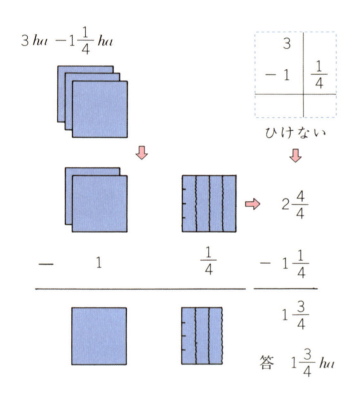

答 $1\frac{3}{4}$ ha

ユカリ あら？整数から分数をひくことになるわ。

サッカー これは，65ページのくりさがりとおなじだと思うよ。

ユカリ そうね。3を$2\frac{4}{4}$に変形させて$1\frac{1}{4}$をひけばいいわけね。

やってみよう

1. $4-3\frac{3}{4}$ $7-3\frac{4}{5}$ $9-5\frac{1}{6}$ $12-7\frac{4}{7}$ $15-11\frac{5}{8}$ $13-3\frac{3}{8}$

2. $8-7\frac{3}{7}$ $4-3\frac{2}{3}$ $13-12\frac{3}{4}$ $20-19\frac{1}{2}$ $17-16\frac{12}{13}$

3. $8-\frac{2}{13}$ $17-\frac{8}{15}$ $2-\frac{5}{9}$ $7-\frac{11}{17}$ $3-\frac{1}{8}$ $1-\frac{2}{5}$ $1-\frac{1}{4}$

やってみよう

1.
$$4\frac{1}{6} - 3\frac{5}{6} = 3\frac{7}{6} - 3\frac{5}{6}$$
$$= \frac{2}{6} = \frac{1}{3}$$

約分に気をつけよう。

$3\frac{1}{9} - 2\frac{7}{9}$ $\quad$ $4\frac{5}{12} - 3\frac{7}{12}$ $\quad$ $6\frac{1}{8} - 5\frac{7}{8}$

$6\frac{5}{6} - 5\frac{1}{6}$ $\quad$ $6\frac{7}{12} - 6\frac{5}{12}$ $\quad$ $5\frac{3}{8} - 5\frac{1}{8}$

$3\frac{14}{15} - 3\frac{4}{15}$ $\quad$ $9\frac{7}{9} - 9\frac{4}{9}$ $\quad$ $6\frac{7}{12} - 6\frac{1}{12}$

2.
$$6\frac{3}{8} - \frac{5}{8} = 5\frac{11}{8} - \frac{5}{8}$$
$$= 5\frac{6}{8} = 5\frac{3}{4}$$

$7\frac{1}{6} - \frac{5}{6}$ $\quad$ $4\frac{5}{14} - \frac{11}{14}$ $\quad$ $7\frac{11}{26} - \frac{21}{26}$ $\quad$ $8\frac{11}{12} - \frac{5}{12}$

$18\frac{19}{27} - \frac{25}{27}$ $\quad$ $4\frac{3}{10} - \frac{1}{10}$ $\quad$ $7\frac{8}{9} - \frac{2}{9}$ $\quad$ $1\frac{1}{6} - \frac{5}{6}$

3. $5\frac{1}{4} - 2$ $\quad$ $8\frac{1}{2} - 4$ $\quad$ $6\frac{5}{7} - 6$ $\quad$ $9\frac{9}{13} - 9$ $\quad$ $7\frac{1}{3} - 4\frac{1}{3}$ $\quad$ $10\frac{3}{7} - 6\frac{3}{7}$

4. 紙テープが $6\frac{2}{7}m$ ある。そのうち $3\frac{6}{7}m$ をつかった。あと何mのこっているか？

5. ピカットの家で，あまざけを 5ℓ つくった。お正月が終わってみたら，$2\frac{1}{3}\ell$ のこっていた。どれだけのんだか？

1. どちらがどれだけ重たいか？

1)

2)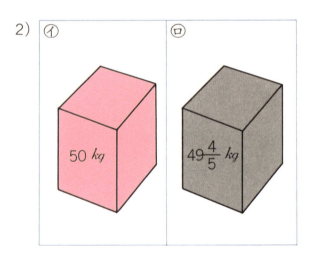

2. まちがいがあったら直してあげよう。

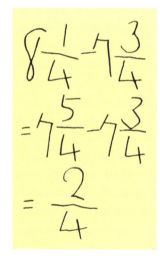

ユカリ　　　　サッカー　　　　ピカット　　　　グーグー

3. 山田くんと谷川くんが、走り高とびをした。山田くんは $1\frac{1}{10}m$ とび、谷川くんは $\frac{9}{10}m$ だった。どちらが、どれだけ高くとんだか？

4. ある雨の日に、水そうの水が $3\frac{7}{8}\ell$ から $5\frac{3}{8}\ell$ にふえていた。何 ℓ ふえたか？

5. かごの重さは $\frac{3}{8}kg$。これに、りんごを入れてはかったら、$2\frac{1}{8}kg$ になった。りんごの重さは何 kg だったか？

6. すもうとりの A さんは $113\frac{3}{5}kg$ の重さで、B さんは $89\frac{4}{5}kg$ だ。どちらがどれだけ重いか？

— 70 —

小数のかけ算

　みんながミクロの家をたずねてみると,ミクロとマクロはペンキぬりのまっさいちゅうだった。
ミクロ　みんな,いらっしゃい。へいをつくったので,ペンキぬりをはじめたところなの。
ピカット　あっ,そう。それじゃ,しごとをつづけて。
ミクロ　いくらも時間がかからないから,そうさせてもらおうかな。ちょうど1m²だけ,ぬったところなの。
マクロ　1m²ぬるのに,どのくらいペンキを使った?
ミクロ　ええと,2.12 dℓ よ。
　そう答えてから,ミクロは目をかがやかせた。
ミクロ　そうだわ。きょうの探険は,これにするわ!

オウム じゃ，ぼくから質問しよう。
ミクロちゃんは，1 m² あたり 2.12 dℓ のペンキを使った。ところがミクロちゃんのへいは，3.2 m² ある。ペンキを同じようにぬると，ペンキは何 dℓ ひつようだろう？

サッカーのいいぶん

なにがなんだかわからないというのが，ほんとうさ。

2.12 dℓ とか，3.2 m² とか，とつぜんいわれてもこまるんだなあ，まったく。

ひどい探険になりそうだけど，とにかくゆっくり考えれば，わかるんじゃないかな。

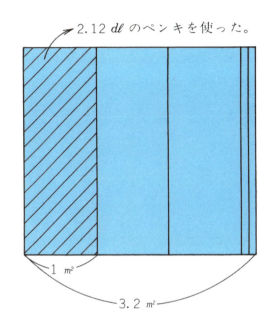

ユカリの考え

サッカー君のいうとおりね。オウムのタロウさんが，博士の助手のくせに，ブラックみたいな，いじわるな問題をだすので，おどろいちゃったわ。でも，この問題はかけ算じゃないかしら？ 1 m² あたり，いくつっていういいかたは，かけ算のはずよ。だけど，なにを，どうかければいいのか，やっぱりわからないわね。

ピカットのまよい

ユカリちゃんのいうとおり，これはかけ算だよ。
1 m² あたり 2.12 dℓ のペンキを使うのだから，その 3.2 m² ぶんでは，何 dℓ かというと，……。この 3.2 m² が整数だったら，考えやすいんだけどなあ。

ピカット ミクロちゃんのへいと，使ったペンキのことは，上の図のようになるんじゃないかな？

サッカー そういわれてみると，そうだね。でも，それでいったいどういうことになるんだい？

ユカリ わかりかけてきたわ。やっぱりかけ算ね。1 m² あたり 2.12 dℓ のペンキを使ったんだから，3.2 m² ぶんの式は，

2.12 dℓ × 3.2

になるわね。でも，どう計算するのかしら？

ピカット それがわかればくろうはないよ。

サッカー ぼくもかけ算になるってことは，よくわかったよ。

2.12 dℓ × 3.2 m² をタイルで考えよう

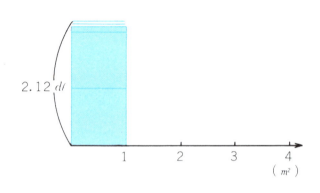

ピカット うん、ピカッときたぞ。タイルで考えればいいんだ。

ユカリ なるほど、そうだわ。まず、1 m² あたり 2.12 dℓ のタイルを書いてみましょうよ。

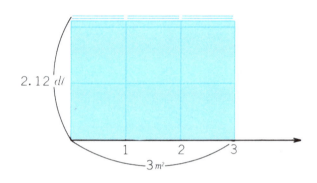

ピカット もしも、ミクロちゃんの家のへいが 3 m² なら、2.12 dℓ × 3 だ。

サッカー でも、2.12 dℓ × 3.2 は、それよりちょっと大きいね。

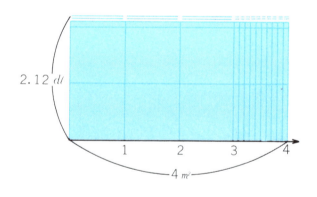

ピカット もし 4 m² なら、2.12 dℓ × 4 だ。

ユカリ 3.2 は、3 と 4 のあいだを 10 等分すればいいんじゃない？

サッカー よし、やってみよう。

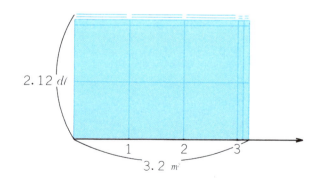

サッカー ほうら、できたぞ。2.12 dℓ × 3.2 のタイルだ。

ユカリ このタイル、たてになったり横になったりして、かぞえにくいわ。

ピカット タイルを、1の位、小数第1位、小数第2位と、きちんとならべてみようよ。

タイルを分解してみると

サッカー これでどうかな？

1の位	小数第1位	小数第2位	小数第3位
1のタイルだけ	0.1のタイルだけ	0.01のタイルだけ	0.001のタイルだけ
6	7	8	4

サッカー 1のタイルが6こ，0.1のタイルが7こあるよ。

ピカット 次の0.01のタイルは，ほそ長いのと四角のとで8こ。0.001のタイルが4こだ。

ユカリ 合わせると，6.784 ね。すると，

$$2.12\ dℓ × 3.2 = 6.784\ dℓ$$

で，3.2 m² のへいをぬるのに，6.784 dℓ のペンキがひつようなのね。

みんな，よくわかったね。タイルでできたのだから，次は，たて書きの計算式でやってごらんよ。

2.12×3.2 の計算の式

ピカット タロウのいうとおり，たて書きの計算式でだってできるはずだよ。

サッカー うん。やってみよう。小数のたし算やひき算では，位をそろえることが，だいじだったね。

ユカリ ええ，そうだったわ。みんなで計算してみましょう。

そこで，みんなは計算したのだが……

君も，たて書きでやってみよう。

ユカリ どれも，答えがちがっているわ。

ピカット グーグーの式は，位をそろえていないし，小数点が2つもあるなんて，おかしいよ。

サッカー ぼくのは，計算で位をまちがえてしまったけど，ピカット君とユカリちゃんは同じ計算をしながら，どうして小数点のつけかたがちがうんだろ？

ユカリ タイルの答えは 6.784 なのよ。計算では，なぜちがっちゃうのかしら？

グーグー かけ算の計算なんて，もともとできないんだ，きっと。ボク，ねむたくなっちゃった……ムニャムニャ。

ピカット 位をそろえたのに，小数点がちがっちゃうとは，ふしぎだなあ。

サッカー なにか，ひみつがありそうだぞ。

博士 みんな，だいぶこまっているようだ。わしが計算するとしたら，このようになるんだがね。どうじゃ，よく見てごらん。

サッカー こりゃ，ひどい！博士の計算は，まるでグーグーのように，位どりがまちがっているよ。

ユカリ それに，小数点の位置がめちゃめちゃです。

博士 そうじゃろうか？

にこにこと，博士がそういったとき，ブラックがとつぜんさわぎだした。

見ろ！算数なんかでたらめだ。
計算するときは，位をそろえることが，いちばんたいせつじゃないか。
それなのに，博士のあの計算は，まるでインチキだ。

これが小数のかけ算だ!

博士　ブラックが，インチキだの，でたらめだのといったが，これがほんとうの，小数のかけ算なんじゃ。下の図を見ながらわしの説明をききなさい。

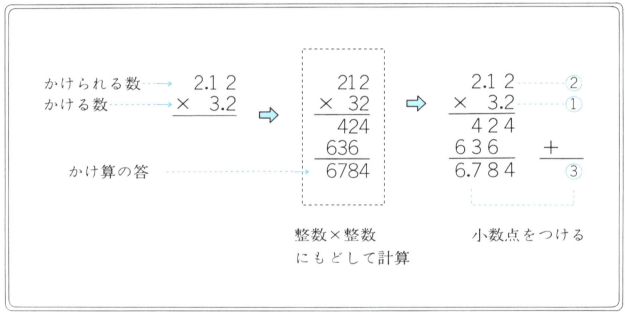

博士　小数のかけ算の計算は，まず小数点を考えないで，整数の212×32として，下の位をそろえた式をたて，かけ算をする。すると6784という答えがでる。この答えは，かならず小数のはずじゃね。だが，いったいどこに小数点をうてばいいのだろうか。

そこで，かけられる数とかける数の小数点をしらべてみよう。かけられる数の2.12は，小数点以下2けたある。また，かける数の3.2は，小数点以下1けただ。2けたと1けたをたすと，3けたになる。これは，答えの数には小数点以下が3けたあるということを，あらわしているのじゃ。さきほどの答えの6784の右から，3けたかぞえて小数点をうつと，6.784になる。どうじゃ，タイルでやった答えと同じになったろう？

ユカリ　計算の式の書きかたが，今までとちがうようですけど，博士。

博士　ふむ，たしかに，いちど整数×整数として計算するところが，ちがっているね。

オウム ミクロちゃんの家のへいは，3.2m² だったね。このへいをぬるのに，1m² あたり 2.1dℓ のペンキを使ったとすると，ぜんぶで何 dℓ のペンキがひつようだろうか？

博士 さあ，タロウの問題が出たよ。わしが説明したことを，たしかめてごらん。

ユカリ タイルでやると，6.72 だわ。

ピカット 計算では，整数×整数でやると，672 だ。そこで，小数点はどこかというと，2.1 も 3.2 も，小数点以下 1 けただから，たして 2 けた。すると，答えはたしかに 6.72 だ。

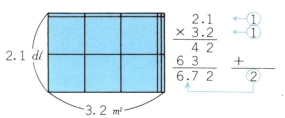

ミクロ ある家の 3m² のかべにペンキをぬりたいの。1m² あたり 3.1dℓ ペンキをぬるとすると，3m² ぬるのに，何 dℓ のペンキがひつようかしら？

サッカー 式は，3.1dℓ×3 だね。31×3 と考えて計算すると，93。小数点はどこかというと，1 けたと 0 けただから，たすと 1 けた。すると 9.3 になる。答えは 9.3dℓ だよ。

博士 そのとおりじゃ。

このように，小数×小数の計算では，
1) 整数×整数にもどして計算する。
2) 積(かけ算の答え)のどこに小数点がくるか，かけられる数と，かける数の小数点以下のけた数をたしてみる。

という 2 つのことが，たいせつなんじゃ。

いつのまにか，ブラックは消えていた。

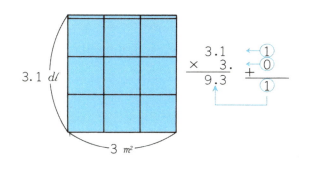

```
  4.5 6     3.2 7     6.0 7     8 2.1     9 0.2     1 8.6     9.8 2     4.0 6     1.4 8 2    6.3
×   2.9   ×  8.6   ×  5.8   × 3.0 4   × 6.0 7   ×  2.9   × 1.0 7   × 5.0 1   × 3.0 0 7  × 2.7
```

そのとき，ほら，いつかのチックと，タックと，ボーンと，ボンがむこうから，小さな自動車に乗ってきたんだ。

チック やあ，みんな元気そうだね。

ユカリ まあ，いつかの小人さんたち！

タック ボクら，ユカリちゃんたちに問題を出しにきたんだよ。といてくれないか。

チックの問題

$1 m^2$ あたり 2.31 dℓ のペンキをぬる。同じように，$2 m^2$，$1 m^2$，$0.6 m^2$ の面積にぬるのに，ペンキは，それぞれ何 dℓ いるか？

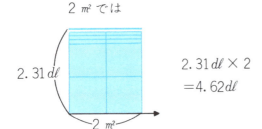

$2 m^2$ では

$2.31 dℓ × 2$
$= 4.62 dℓ$

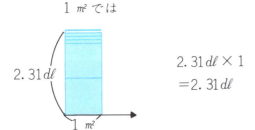

$1 m^2$ では

$2.31 dℓ × 1$
$= 2.31 dℓ$

ユカリ $1 m^2$ あたり 2.31 dℓ だから，$2 m^2$ では 4.62 dℓ のペンキがひつようね。$1 m^2$ では，あら，2.31 dℓ でいいんじゃない。

サッカー $0.6 m^2$ では，計算すると 1.386 dℓ。あれ？答えが，2.31 dℓ より小さくなったぞ。

ピカット かけ算して答えが小さくなるって！だけど，タイルでやっても 1.386 になるよ。わかったぞ，0.6 は 1 より小さいんだ。
1 より小さい数をかけると，その答えは，もとの数より小さくなるってことだよ。

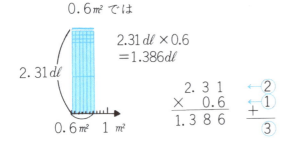

$0.6 m^2$ では

$2.31 dℓ × 0.6$
$= 1.386 dℓ$

```
  2.3 1   ←②
×   0.6   ←①
─────────
  1.3 8 6   ③
```

やってみよう

1.
```
   5.8 6       9.3 5       4.0 8
×    0.2    ×   0.7    ×    0.9
```

```
   9.7         2.3
×  0.8      × 0.6
```

2.
```
   2.9 5       7.0 3       3.0 1
×  0.4 3    × 0.6 2    ×  0.5 4
```

```
   1.5         4.2
× 0.7 9     × 0.8 8
```

タックの問題

1 m あたり 1.25 kg の鉄のぼうがある。この鉄のぼう 3.6 m では、
重さは何 kg になるだろうか?

$$1.25 \text{kg} \times 3.6$$

$$
\begin{array}{r}
1.25 \\
\times\ 3.6 \\
\hline
750 \\
375\ \ \\
\hline
4.5\cancel{0}\cancel{0}
\end{array}
$$

答 4.5 kg

$$12.4 \times 7.5$$

$$
\begin{array}{r}
12.4 \\
\times\ 7.5 \\
\hline
620 \\
868\ \ \\
\hline
93.\cancel{0}\cancel{0}
\end{array}
$$

ユカリ 1 m あたり 1.25 kg の鉄のぼう、3.6 m 分の重さだから、式は、1.25×3.6 ね。

まず、整数×整数と考えて計算すると 4500。

小数点以下 2 けたと 1 けただから、あわせて 3 けた。積の右から 3 つめにうつと、4.500。

ピカット ユカリちゃん、4.500 の、00 はいらないんじゃないか。だから、4.5 になるよ。

タック そのとおりです。これは、0 をとるので、トル型といいます。

タック それじゃ、12.4×7.5 を計算してください。

サッカー 整数×整数で計算すると、9300。

小数点は、1 けたと 1 けたで、2 けただから、93.00 だ。あれ、これもトル型だ。00 をとって、93. だぞ。

ユカリ あら? 小数点もとれて、93 になるわ。

やってみよう

1.
$$
\begin{array}{r} 9.76 \\ \times 3.25 \end{array}
\qquad
\begin{array}{r} 1.75 \\ \times 3.26 \end{array}
\qquad
\begin{array}{r} 0.25 \\ \times 8.72 \end{array}
\qquad
\begin{array}{r} 1.84 \\ \times 0.75 \end{array}
\qquad
\begin{array}{r} 6.25 \\ \times\ 8.4 \end{array}
$$

2.
$$
\begin{array}{r} 5.34 \\ \times 2.65 \end{array}
\qquad
\begin{array}{r} 7.08 \\ \times 4.05 \end{array}
\qquad
\begin{array}{r} 0.85 \\ \times\ 3.6 \end{array}
\qquad
\begin{array}{r} 0.92 \\ \times\ 8.5 \end{array}
\qquad
\begin{array}{r} 5.04 \\ \times\ 0.5 \end{array}
$$

3.
$$
\begin{array}{r} 1.25 \\ \times 2.48 \end{array}
\qquad
\begin{array}{r} 98.4 \\ \times\ 7.5 \end{array}
\qquad
\begin{array}{r} 82.5 \\ \times\ 9.6 \end{array}
\qquad
\begin{array}{r} 46.8 \\ \times\ 2.5 \end{array}
\qquad
\begin{array}{r} 2.5 \\ \times 0.4 \end{array}
$$

ボーンの問題

ぼくの家の 1 m² のへいをぬるのに，0.38 dℓ のペンキを使った。同じように，0.14 m² のかべをぬるのには，何 dℓ のペンキがひつようだろうか？

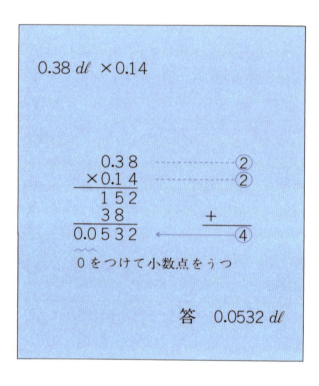

答　0.0532 dℓ

ボーンの計算

```
  0.38           0.38
×0.14    ⇒    ×0.14
  152           152
 38            38
000           ─────
─────         0.0532
0.0532
```

ピカット　ずいぶんこまかい計算だな。式は，0.38 dℓ×0.14 だ。整数のかけ算で考えると，38×14＝532 だね。小数点をうつところは，2けたと2けたで，4けただから，積の右から4つめ。あれ？ 532 では，小数点がうてないじゃないか。

サッカー　ほんとだ。ひどい問題だ。

ボーン　まあまあ，そうおこらないで。こういうときは，1の位まで0をつけてやれば，小数点をうてるでしょう。

ピカット　なるほど，00532 だと，0.0532 になるね。でも，なぜ0をつけるの？ まるで，ずるい手品みたいだ。

ボーン　ずるいとは，ひどいなあ。それじゃ 0.38×0.14 を，0をはぶかないで計算したら，左のように，0がちゃんとついています。

ピカット　ほんとだ。ずるいなんていって，ごめんごめん。

ボーン　わかってもらえば，けっこう。これは，0をつけるので，ツケ型というんです。

やってみよう

1. 　0.17　　　0.95　　　4.07　　　0.04　　　0.2
　　×0.52　　×0.03　　×0.02　　×1.69　　×0.4

2. 　0.09　　　0.14　　　0.03　　　0.02　　　0.01
　　×0.07　　×0.06　　×0.08　　×　0.3　　×　0.1

3. 　0.86　　　0.23　　　3.79　　　0.05　　　0.8
　　×0.37　　×2.06　　×0.03　　×　7.3　　×0.7

ボンの問題

1mあたり0.42gのはりがねがある。このはりがね0.15mでは、重さは何gだろうか？

0.42g×0.15

```
    0.4 2  ……… ②
   ×0.1 5  ……… ②
    ‾‾‾‾‾
    2 1 0
    4 2
   ‾‾‾‾‾‾
   0.0 6 3 0  ←――― ④
   ツケて トル
```

答　0.063 g

ユカリ　式は、0.42g×0.15ね。

整数にもどして計算すると630。小数点以下2けたと2けたで、4けただから、積の右から4つめね。あら、これはツケ型だわ。だから、0.0630になるわ。

すると、とつぜんグーグーがさけんだ。

グーグー　あっ、おわりの0がたべられるぞ！

ユカリ　そうだわ。おわりの0をとらなくちゃね。トル型でもあるわけね。

ボン　そうなのです。だから、このような小数のかけ算は、ツケトル型といいます。

サッカー　へえ、おかしいな。つけひげみたいだ。

ボン　このツケトル型は、まず0をつけて小数点をうつ。次に、おわりの0をとるというやりかたなのです。

さて、これまでに、トル型、ツケ型、ツケトル型の3つの型を知りましたね。ところが、2.1×3.2のように、0をつけないし、0をとらない計算が、あったでしょう？これは、ナイナイ型といいます。

やってみよう

1.
```
   0.6 8        0.7 5        0.8 4         1 0.5          0.0 5
  ×0.2 5       ×0.8 2       ×  0.5        ×0.0 4         ×  0.8
```

2.
```
   0.0 9 6      0.0 0 8      0.4 5         0.6            0.2
  ×  0.0 5     ×0.0 0 5     ×0.0 0 4      ×0.5           ×0.5
```

博士のまとめの話

博士 では、まとめとして、整数がはいったかけ算をやってもらおうかな。サッカー君、45×2.3を計算してごらん。

サッカー 整数の45を、45.と考えると、45.×2.3の式になります。

博士 ふむ、そうじゃね。整数は、小数点以下が0けたと考えるんじゃね。

さて、グーグー、1.38×42をやってごらん。

グーグー サッカー君がやった問題と同じみたい。これは、かける数が整数だね。でも、計算なんてめんどうだなあ、ボク。

グーグーは、ながいあいだ計算した。そして、計算がすむと、またねむりはじめた。

博士 グーグーのいねむりには、かなわないね。だが、計算はまちがってない。

次は、ピカット君。68×79をやってごらん。

ピカット あれ？ 博士。これ、整数のかけ算ですよ。

博士 そうじゃ。まあ、やってみてくれないかな？

ピカット 小数点以下は、かける数も、かけられる数も、0けたですから、答えは、そのまま、5372ですよ。

ユカリ あら、そうだわ。整数のかけ算だって、68.×79.と考えれば、小数×小数になるわ。

博士 そのとおりじゃ。さあ、これで小数のかけ算の探険は、おしまいじゃ。なかなか、ゆかいな探険だったね。

```
  45×2.3
       45.      ……⓪
     × 2.3     ……①
     ─────
      135
       90
     ─────  +
     103.5    ←── ①
```

```
  1.38×42
       1.38     ……②
     ×  42      ……⓪
     ─────
       276
      552
     ─────  +
      57.96   ←── ②
```

```
  68×79 ⇒ 68.×79.
    68         68    ……⓪
   ×79   ⇒   ×79    ……⓪
   ───       ───
             612
             476
             ───  +
            5372   ←── ⓪
```

— 84 —

小数のかけ算の探険，どうだった？
下の問題のどれが，どんな型か，もう，
すっかりわかっているかな？

1.
```
   4.89      8.53       2.6      0.8      0.6      0.25     0.91
 ×  38    ×  47     ×158     × 79    ×  7    ×  46    ×  70
```

```
   0.05      0.03      0.23     0.08     0.15      248
 ×368     ×  26    ×   4    ×   5    ×   4    ×318
```

2. まちがいがあったら，直そう。

```
 ㋑   0.89       ㋺    0.02       ㋩   0.25       ㋥   0.0045      ㋭    500
   ×0.09          ×  3.8          ×0.24           ×  0.06          ×0.08
     721             16            100             270            40.00
     7.21             6             50          0.000270
                    0.076         0.600
```

3. 1ℓの重さが2.4 kgの砂がある。この砂が8.46ℓ，0.35ℓのとき，重さは，それぞれ何kgか？

5. 1 kgのねだんが125円のさとうを売っている。23.6 kg買うと，いくらになるか？また，0.8 kgではいくらか？

4. ひと月に27.8ℓの水を使うとすると，1年では何ℓの水がひつようだろうか？

小数のわり算

　みんなは，またミクロの家にでかけた。ミクロは，こんどは家のうらのへいに，ペンキぬりをしていた。

ユカリ　ミクロちゃん，こんにちわ。

ミクロ　あら，いらっしゃい。ごめんね，まだペンキぬりが，終わってないの。

ユカリ　どうぞ，ごえんりょなく，つづけてちょうだい。

ミクロ　ペンキは7.8 dℓ なんだけど，このへいは3 m² あるの。ぜんぶぬっちゃったら，探険のはじまりよ。

あたいの家のうらのへいは、3m²。このへいをぬるのに、ペンキを7.8dℓ使ったの。さて、1m²あたり何dℓ使ったかしら？

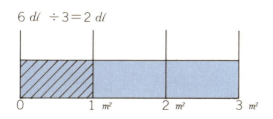

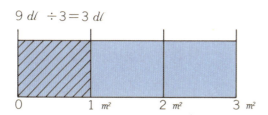

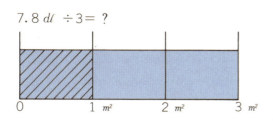

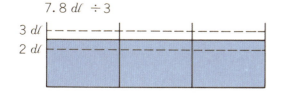

ユカリ 3m²で7.8dℓだから、1m²あたりは7.8dℓ÷3よ。でも、小数のわり算なんてできないわ。

マクロ おいらもよくわかんないけど1m²あたり、だいたいどのくらいか、考えたら？

サッカー 6dℓ÷3＝2dℓだから、2dℓよりは多いよ。

ピカット うん、そうだ。それに、3dℓよりはすくない。だって、9dℓ÷3＝3dℓだからね。7.8dℓより9dℓのほうが多いもの。

ユカリ それじゃ、それを水そうの図にして考えてみましょうよ。

サッカー よし、図にしたら、よくわかるかもしれない。どうかな、これで。7.8dℓ÷3は、3dℓより小さく、2dℓより大きい……

ピカット ということは、きっと、2．……という小数になるんじゃないか。

ほんとうにピカットのいうとおりなのか。さあ、みんなもいっしょに考えてみよう。

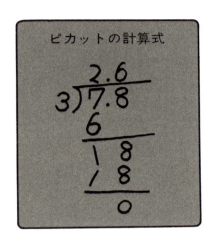

ピカットの計算式

ピカット 7.8÷3は，計算の式でといたら，こうなるんだよ。どうだい，2.6 dℓ になったぞ。

サッカー あってるようだけど，何かたしかめる方法は，ないのかなあ。

ユカリ タイルでやってみたら，たしかめられるかも……

タイルでたしかめる

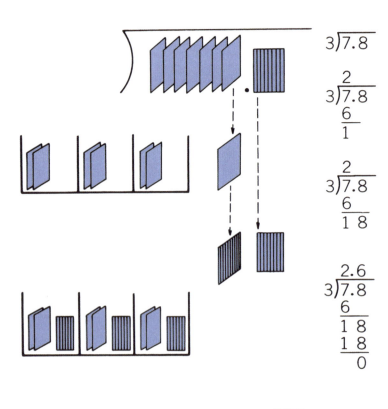

ユカリ そうだわ，タイルでたしかめてみましょうよ。3つの水そうに，タイルをくばっていけばわかるんじゃないの。

サッカー そうだね。それじゃ，7.8のタイルをくばりながら，計算の式とくらべてみよう。

ピカット 3)7.8は，2がたって，7このタイルを2こずつ3つのへやにくばると，1あまる。これをさらにこまかく，0.1に10等分するんだよ。

サッカー そうか，すると0.8の8をおろすと18。これは6がたって，わりきれる。

ユカリ そこで，小数点の位置は7.8にそろえて，2.6とする。答えは，やっぱり 2.6 dℓ ね。ピカット君の計算は正しかったのよ。

オウム ぼく,オウムのタロウ。探険隊のいまの探険をふりかえってみると,

① わられる数の小数点にそろえて,上の商(わり算の答)に小数点をつける。
② 次に,整数のわり算と同じに計算する。

ということだった。

みんな,ほっとしてるようだけど,すぐに,すごい探険がまっているよ。

🖉 やってみよう

2)6.8　　　　　4)15.2　　　　　8)53.6　　　　　3)104.1

24)271.2　　　38)923.4　　　16)132.8　　　8)35.2

42)110.46　　23)98.21　　　62)210.8

ブラックのなん問（小数÷小数）

まてまて！ならないぞ！
もうがまんが

小数のわり算まで進んだとはこしゃくな
やつらだ。7.8÷3ていどのわり算ができた
といってよろこぶのは、まだ早いぞ。

おれの家のへいは3.6m²だ。おま
けに使った黒ペンキは9.72dlだ。
1m²あたり何dlの黒ペンキをぬったか？
さあ、どうだ、おまえたち！

ユカリ また、ブラックよ。こまったわ。3.6 m² で 9.72 dℓ だから、1 m² あたりは、
$$9.72 dℓ ÷ 3.6$$
の式でいいのかしら？

ピカット そうだよ。3 m² ぬるのに 7.8 dℓ のペンキを使ったミクロちゃんの家のへいの、1 m² あたりのペンキは、7.8 dℓ ÷ 3 = 2.6 dℓ と計算したのだから、同じことさ。

サッカー でも、9.72÷3.6 なんて、とうていぼくたちにはできやしないよ。

ピカット やるだけやってみよう。

マクロ そうさ。やってみておくれよ。

マクロ君にはげまされて、3人は計算をはじめたのだが……

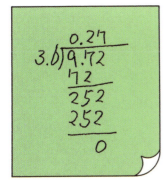
ユカリ

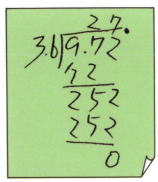
サッカー

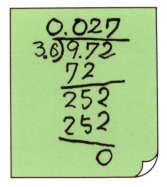
ピカット

グハ、グハ、グハハー。
ユカリは、わられる数に小数点をそろえ、うすのろのサッカーは、小数点をさいごにうち、あわてもののピカットは、0を2つもつけたんだな。
グハ、グハ、グハハー。みんな、大まちがいだ。さんすうなんかやめちまえ！勉強なんかやめて、鳥や虫のように、遊べ、遊べ！

こまったわ！どうしましょう。

博士 おちつきなさい。そんなにあわてることはない。とりあえず,水そうの図で考えてみたら,どうかな?

ピカット ええ,そうしてみます。

サッカー ほんとだ。さっきと同じように考えればいいんだ。小数÷整数はできるんだから,9.72 dℓ で,3 m² ぬった場合と,4 m² ぬった場合を考えてみようよ。

図1

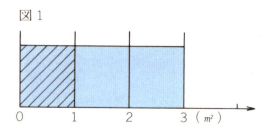

9.72 dℓ ÷ 3
= 3.24 dℓ

ユカリ 図1が,9.72 dℓ のペンキを,3 m² ぬったときの,1 m² あたりの量よ。3.24 dℓ ね。

図2

9.72 dℓ ÷ 4
= 2.43 dℓ

サッカー 図2は,同じ 9.72 dℓ のペンキを,4 m² ぬったときの,1 m² あたりだ。1 m² あたり 2.43 dℓ。3 m² ぬったときより,1 m² あたりのペンキの量がすくないね。

図3

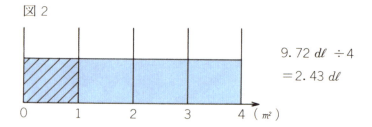

9.72 dℓ ÷ 3.6
= (　　　) dℓ

ピカット 図3はね,3 m² と 4 m² のあいだを 10 等分したんだ。その下の3つの計算は,さっきぼくたちがまちがえた計算だよ。
でも,この計算,整数のわり算だったらまちがいじゃないな。あ,そうか。ピカッときたぞ。この計算は位取りをまちがえているだけじゃないか。商の小数点の場所がちがうんだ。
おまけに,この小数点をうつ場所は,図1と図2から,すぐわかるんだ。

ユカリ え? どうしてわかるの?

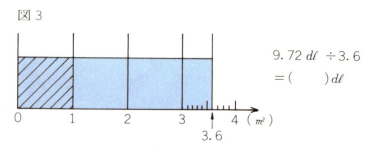

— 92 —

ピカット いいかい。ぼくたちのもとめている答えは，図1の 3.24 dℓ よりすくないけど，図2の 2.43 dℓ よりは多いんだ。
そのことは，右の図でわかるだろう？
ぼくたちは，位取りを，

```
       2.7
3.6)9.7 2
     7 2
     2 5 2
     2 5 2
         0
```

と，やればよかったんだよ。

サッカー ほんとだ。さすがピカット！ そのとおりだよな。

ブラック ほんとうにその計算は，あっているのか！ ふざけるな。ちゃんとたしかめてから答えてもらいたいもんだ。

サッカー よし，いまたしかめてみせるからまってろよ，ブラック。

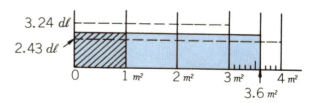

がんばれ サッカー

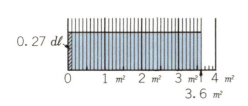

$9.72\,dℓ \div 36$
$= 0.27\,dℓ$

```
      0.27
36)9.72
   7 2
   2 52
   2 52
      0
```

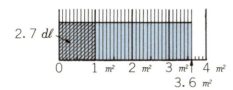

$0.27\,dℓ \times 10$
$= 2.7\,dℓ$
$9.72\,dℓ \div 3.6$
$= 2.7\,dℓ$

ユカリ でも，どうやってたしかめるの？ サッカー君。

サッカー いいことに気がついたんだよ。それはね，3.6 m² をぜんぶ 0.1 m² にこまかくわけてしまうのさ。すると，0.1 m² が 36 あるということになる。小数÷整数ならできるから，9.72 dℓ ÷ 36 = 0.27 dℓ。そこで 1 m² は，0.1 m² の 10 倍だから，0.1 m² 分のペンキ 0.27 dℓ を 10 倍すると，0.27 dℓ × 10 = 2.7 dℓ。
1 m² あたりは，2.7 dℓ だ。

ピカット すごいな，サッカー。いざというときは，強いね。

サッカー さあ，ブラック！ これでどうだい。

ブラック チクショウ。だが，まだまいらんぞ。次のページを開いて見ろ！

ブラック さて，おまえら。それなら，わり算の計算の商のどこに小数点をつければいいか，計算の規則をいってみろ。どうだ？

ユカリ 計算の規則なんて，まだ探検してないわよ。

ピカット だけど，いままではまちがってなかったんだ。だから，いままでやってきた計算をしらべてみようよ。サッカーの，

$$9.72 \div 36 = 0.27 \qquad 9.72 \div 3.6 = 2.7$$

という計算をよくみると，36 が 3.6 になると商の小数点は，0.27 が 2.7 になって，右に 1 けたずれているじゃないか。きっと，商の小数点は，わる数の小数点以下のけた数だけ，わられる数の小数点から，右へずらしてつけるんだよ。

サッカー なるほど。

ユカリ ほんとね。それが規則らしいわ。でも，ほんとかどうか，博士に問題を出してもらって，たしかめてみましょうよ。

9.72÷36 では，

9.72÷3.6 では，

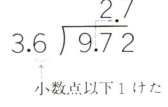

小数点以下 1 けた

博士 ブラックをあいてに，みんなよくがんばっているね。それじゃ，問題を出してあげよう。

2.852 dℓ のペンキがある。それを 1.24 m² のベニヤ板に，どこも同じこさにぬった。1 m² あたり何 dℓ ぬったか？

サッカー ええと，式をたててみると，1 m² あたりのペンキの量だから，これでどう？

$$2.852 \ dℓ \div 1.24$$

ユカリ わたしが計算してみるわ。これは，1.24〕2.852 だから，わる数の小数点以下 2 けただけ，わられる数の小数点から右にずらして，わり算をすると，2.3 になったわ。答えは，1 m² あたり 2.3 dℓ。いいかしら？

2.852÷1.24

2 けた右へずらす

マクロ ユカリちゃん、それであっているかどうか、水そうの図でたしかめてみたらどう？

ユカリ そうね。さっきサッカー君が0.1ずつ分けたように、こんどは、0.01 m² に分けてやってみるわ。みんなも、いっしょにやってね。

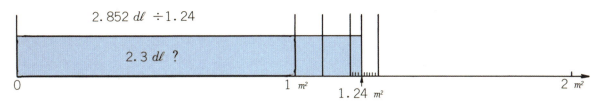

ユカリ これが、2.852 dℓ ÷1.24 よ。その答えの 2.3 dℓ が、ほんとうに、1 m² あたりのペンキの量になっているかどうか、目もりを、0.01 ずつに分けてみると……

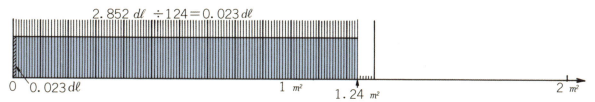

サッカー 0.01 m² ずつに分けたら、1.24 m² のなかに、0.01 m² が124 はいっているね。そこで、0.01 m² あたりのペンキの量をもとめてみると、2.852 dℓ ÷124＝0.023 dℓ になった。うわあ、こまかくてめんどうだなあ。

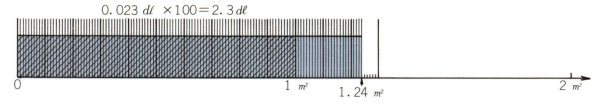

ピカット 1 m² は、0.01 m² が 100 あつまったものだ。そこで、0.01 m² あたり 0.023 dℓ のペンキの量を 100 倍すると、1 m² にぬったペンキの量になる。それが、2.3 dℓ になればいいんだ。0.023 dℓ ×100＝2.3 dℓ で、ぴったりだよ。ユカリちゃん。ユカリちゃんの計算はあっていたよ。

グーグー すてきだなあ、ユカリちゃん。こんどこそブラックをやっつけられるぞ。

ユカリ それでは、ブラック、小数÷小数の計算の規則をいうわよ。

まず、わる数の小数点以下のけた数をかぞえるの。そして、そのけた数だけ、わられる数の小数点から右へずらして、商のところに小数点をうつ。あとは、整数のわり算と同じように計算すればいいのよ。どう？ブラック。

ブラックは、ユカリにいわれると、黒い顔をくしゃくしゃにして、行ってしまった。

グーグー ゆかいだな。ブラックのやつめ、あわくって逃げて行ったよ。

```
        ┌─────────
   1.24)2.852      (1)小数点を
    ~~~             うつ。
    2けた
```
⇩
```
            2.3
   124)2852         (2)整数のわ
       248          り算として
       ───          計算する。
       372
       372
       ───
         0
```

あいつらには、博士がついているからなあ……、まったく、ユカリにまでやられるなんて！

ブラックをこらしめたのは，ゆかいだったね。君たちも，下の問題で，小数÷小数の計算規則を，たしかめてごらん。

1. 計算しよう。

2.4)7.536　　1.2)5.76　　9.6)10.56

2.7)8.154　　5.3)9.54　　7.9)18.17

6.8)9.52　　5.1)34.68　　3.9)8.034

2. 計算しよう。

1.68)7.224　　3.49)6.631　　2.09)12.958

2.34)8.658　　4.02)9.648　　5.41)16.771

1.62)8.586　　9.45)59.535　　4.23)4.653

3. まちがいを直そう。

㋑
```
        0.2 7
3.6)9.7 2
    7 2
    2 5 2
    2 5 2
        0
```

㋺
```
         0.1 3
6.48)8 4 2 4
     6 4 8
     1 9 4 4
     1 9 4 4
           0
```

㋩
```
       5 2
4.6)2 3.9 2
    2 3 0
       9 2
       9 2
        0
```

㋥
```
        6 4.3
7.03)4 7.1 0 1
     4 3 8
       3 3 0
       2 9 2
         2 8 1
         2 1 9
            6 2
```

4. 長さ34.2mのきれを，9まいの同じ長さにきった。きれ1まいの長さは何mか？

5. 15.6kgの塩がある。これを6つのふくろに，同じ重さになるように分けたい。1ふくろに何kgずつ入れればいいか？

6. 1.2mのはりがねの重さをはかったら，3.84gあった。このはりがね1mの重さは，何gだろうか？

商がわられる数よりも大きくなる！

グーグー ボクの小屋のかべは，2.6 m² あるけど，2.34 dℓ のペンキをぬると，1 m² あたり何 dℓ になるのかな？

ミクロ あたいの家には 1 m² のかべがあるわ。

チック ぼくのは 0.6 m² だ。

ミクロ じゃ，それぞれ 2.34 dℓ のペンキをぬると 1 m² あたり何 dℓ になるか，考えてもらいましょうよ。

2.34 dℓ ÷ 2.6 = 0.9 dℓ

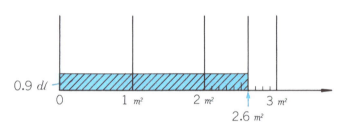

2.34 dℓ ÷ 1 = 2.34 dℓ

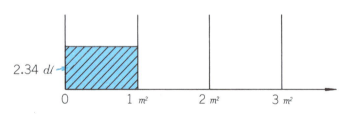

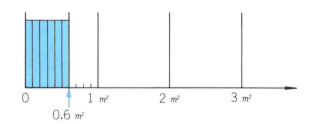

ユカリ グーグーのは，わたしが計算してあげるわ。式は，

　　　2.34 dℓ ÷ 2.6

あら？ この計算，探険してきたばかりよ。はい，1 m² あたり 0.9 dℓ。

サッカー あれ？ ミクロちゃんのは 1 m² だから，1 m² あたり 2.34 dℓ そのものだ。かんたんすぎるよ。

ピカット チックのはひどいぞ！ 0.6 m² では，1 m² より小さいから 1 m² あたりったって，こまるよ。

ユカリ まあ，ほんとね。

サッカー びっくりだ。でも式は，

　　　2.34 dℓ ÷ 0.6

になるんじゃないかな。

ピカット 図を見てると，答えは 2.34 dℓ よりふえるみたいだな。

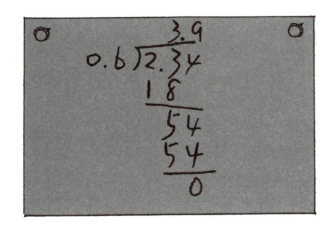

サッカー とにかく、いままでのやりかたで計算してみよう。

あっ、3.9 だ。ピカットのいうとおり、2.34 より大きいぞ。よくわからないけど、これが 1m² あたりのペンキの量じゃないか？

ピカット ピカッときたぞ。0.1m² あたりをもとめて、それを10倍したら、1m² あたりになるぜ。3.9dℓ になれば計算は正しいんだ。

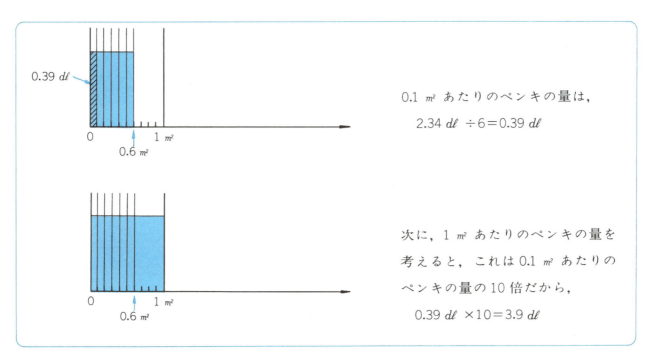

0.1m² あたりのペンキの量は、
2.34 dℓ ÷ 6 = 0.39 dℓ

次に、1m² あたりのペンキの量を考えると、これは 0.1m² あたりのペンキの量の10倍だから、
0.39 dℓ × 10 = 3.9 dℓ

ピカット ぴったりだ。3.9dℓ が 1m² あたりのペンキの量なんだよ。

サッカー ひやひやさせられたよ。商がわられる数より大きくなることがあるんだね。

ユカリ わたしも、よくわかったわ。まとめてみると、

㋑ 1より大きい数でわると、答えは、もとの数より小さくなる

㋺ 1より小さい数でわると、答えは、もとの数より大きくなる

と、いうわけね。

ミクロ これも答えが大きくなる問題だけど，ぜひ探険しておいてほしいの。

ある人が 0.63 m² のベニヤ板にぬるのに，ペンキを 1.26 dℓ 使ったんですって。さて，同じようにぬるとして，1 m² あたり何 dℓ のペンキを使うでしょう。

1.26 dℓ ÷ 0.63

$$\begin{array}{r} 2. \\ 0.63\overline{)1.26} \\ \underline{126} \\ 0 \end{array}$$

答　2 dℓ

サッカー なるほど，答えが大きくなりそうだな。ええと，ほら，2 になったよ。でも，たしかめてみなくちゃ。

ピカット よし，ぼくがやろう。図を書いてみると，らくだよ。

ユカリ わたしもてつだうわ。

ピカット 0.63 m² だから，ぜんぶを 63 等分して，0.01 m² あたりのペンキの量をだすと，

1.26 dℓ ÷ 63 = 0.02 dℓ

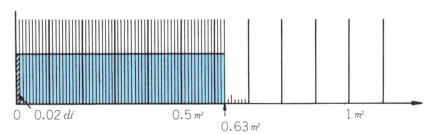

ユカリ 1 m² あたりは，0.01 m² あたりを 100 倍したものだから，0.02 dℓ を 100 倍すると，

0.02 dℓ × 100 = 2 dℓ

サッカー 計算どおりだ。まちがいないよ。

やってみよう

0.9)6.48　　0.4)32.84　　0.3)4.296　　0.5)98.35　　0.24)6.264　　0.54)6.858

0.81)93.15　　0.19)2.299　　0.7)0.798　　0.6)0.924　　0.23)0.69　　0.17)0.612

チックの問題

チック 問題を出すよ。4.3 m² の畑で 38.7 kg のサツマイモがとれた。1 m² あたり何 kg とれたことになるか？

38.7 kg ÷ 4.3

```
        9.  ←小数点をうつ
   4.3)38.7
       387
         0
```
小数点以下1けた

答 9 kg

サッカー まず、式を立てる。4.3 m² の畑で 38.7 kg だから、1 m² あたりは 38.7 kg ÷ 4.3。わる数は小数点以下1けただから、わられる数の小数点から右へ1つずらす。おや、答えは9でわりきれたぞ。

チック そうさ。商が整数になる型の問題なんだ。では、9.48÷2.37 はどうだい？

9.48 ÷ 2.37

```
          4.
  2.37)9.48
       948
         0
```

答 4

ユカリ わる数の小数点以下のけた数は2。その数だけ、わられる数の小数点から右にずらして、商のところに小数点をうつ。
それから、小数点を考えないで計算すると、あら、これも整数の4よ。

チック そう。では、下の問題をやってごらん。どれも、商が整数になる型さ。

やってみよう

1. 4.8)28.8   2.3)13.8   6.7)33.5   8.4)50.4   1.5)4.5   9.2)73.6   5.6)11.2

    7.2)7.2

2. 2.43)4.86   6.28)37.68   4.75)23.75   1.09)3.27

    7.02)56.16   8.54)25.62   2.01)18.09   3.86)27.02

タックの問題

タック やあ，算数探険ごくろうさん。ぼくの問題はね，長さが 4.2 cm で，重さが 3.654 g の金のくさりがある。その 1 cm あたりは，何 g になるだろうか？

3.654 g ÷ 4.2

```
      0.8 7
4.2 ) 3.6 5 4
      3 3 6
        2 9 4
        2 9 4
            0
```

答 0.87 g

ユカリ 式は，3.654 g ÷ 4.2 ね。わる数の小数点以下は 1 けただから，わられる数の小数点から 1 つ右へずらす。

それから，小数点を考えないで計算すると，あら，42) 36 の 0. となってしまうわ！

タック それでいいんだよ。これは商に 0. が出る型の問題なんだから。では，
0.864 ÷ 2.7 は，できるかな？

0.864 ÷ 2.7

```
      0.3 2
2.7 ) 0.8 6 4
      8 1
        5 4
        5 4
          0
```

答 0.32

グーグー こんどは，ぼくにやらせて。わる数は小数点以下 1 けただから，商の小数点は，わられる数の小数点から 1 つずらしたところにくる。

そこで計算すると，27) 08 は 0 だから，商のはじめは 0. となるんだよ。わり切れて，答えは，0.32 だよ。

ユカリ よくできたわ，グーグー。

3.2) 0.224   5.6) 0.168   9.4) 0.188   8.2) 0.738   6.1) 0.305

6.2) 0.372   1.3) 0.104   8.3) 0.581   3.6) 0.0612   0.7) 0.049

タック では，つぎの問題。やはり，商に 0 が出るんだけど，ちょっとむずかしいよ。6.2 dℓ で 0.372 kg の砂があるんだ。この砂 1 dℓ では，何 kg になるだろう？
また，3.4 dℓ で 0.068 kg の砂では，1 dℓ あたり何 kg か？

0.372 kg ÷ 6.2

```
      0.0 6
6.2 )0.3 7 2
      3 7 2
          0
```

答　0.06 kg

サッカー ぼくは，はじめの問題をやろう。
砂 1 dℓ あたり何 kg かという問題の式は，かんたんだ。0.372 kg ÷ 6.2 だよ。
そこで，わられる数の小数点から，1つずらした位置に，小数点をうつ。計算すると，ほんとだ！ 62)0.0 37 と 0.0 がついてしまうぞ。かわった型だなあ。

0.068 kg ÷ 3.4

```
      0.0 2
3.4 )0.0 6 8
        6 8
          0
```

答　0.02 kg

ピカット つぎの問題だ。まず，3.4)0.068 と小数点をうつ。それから，小数点を考えないで計算すると，

```
         2
34 )0 0 6 8
        6 8
          0
```

となるから，サッカーのと同じに
0.0 がついて，答えは 0.02 kg。

タック 商に 0 が出る型は，終わりさ。

5.6)0.448　　6.2)0.372　　7.3)0.657　　2.4)0.192　　3.82)0.764　　4.03)0.4836

6.97)0.9061　　2.3)0.046　　1.2)0.084　　3.1)0.062　　4.2)0.042　　4.23)0.0846

3.09)0.0927　　2.18)0.0872

— 103 —

ボーンの問題

ボーン 新しい型の問題をだすよ。いいかい？
6.2÷1.24 を計算してごらん。

サッカー わる数の小数点以下のけた数は2けた。その数だけ、わられる数の小数点から、おや？ 6.2だけでは、小数点を2けたずらすことができないよ！

ボーン それなら、わられる数の小数第2位に0をつけたらどう？ この型は、0をおぎなう型というのさ。

サッカー そうか！ 1.24)6.20 とすれば、小数点もうてるし、計算もできるね。

$$1.24\overline{)6.2} \Rightarrow \left(1.24\overline{)6.2}\right) \Rightarrow 1.24\overline{)6.20} \Rightarrow \left(124\overline{)620}\right) \Rightarrow 1.24\overline{)6.20}$$
　　　　　　　　　　　　　　　　　0をおぎなう

答　5

ボーン では、25÷6.25 を計算して。

ピカット 小数点をずらそうにも、これではこまったな。そうか、25．と小数点をつけてから、0を2つおぎなってやれば、商に小数点をうつことができる。あとは計算だ。

ボーン よくできたね。①わられる数に小数点をつける。②0をおぎなってやり、商に小数点をうつ。これをわすれないで。

$$6.25\overline{)25} \Rightarrow \left(6.25\overline{)25.}\right) \Rightarrow 6.25\overline{)25.00} \Rightarrow \left(625\overline{)2500}\right) \Rightarrow 6.25\overline{)25.00}$$
　　　　　　　小数点をつける　　　　0をおぎなう

答　4

1. 1.34)6.7　　2.14)171.2　　0.73)43.8　　0.03)1.5　　0.06)0.9

2. 2.25)135　　1.25)20　　3.25)39　　3.6)18　　0.4)2　　0.75)6

ボンの問題

ボン さて、おまちかねの問題をだそう。これは、小数のわり算のまとめになる問題だ。
8.67÷3 と、296÷4 を計算してくれないか？

ユカリ 8.67÷3 は、小数÷整数でしょう。はじめにやった問題よ。

ボン できることは知ってるさ。でも、わる数の整数に小数点をつけてみる。そうすれば、何かがわかるんだよ。

ユカリ 3. は、小数点以下のけた数は0だから、わられる数にそろえて小数点をうつ。そうか、わかったわ。小数÷整数も、小数÷小数と同じ規則で計算していたわけなのね。

ボン ぼくのいいたかったのは、それさ。だからこれは、見直す型というんだよ。

$$3\overline{)8.67} \Rightarrow 3.\overline{)8.67} \Rightarrow 3.\overline{)8.67.}$$
小数点をつける

$$\begin{array}{r} 2.89 \\ 3\overline{)867} \\ \underline{6} \\ 26 \\ \underline{24} \\ 27 \\ \underline{27} \\ 0 \end{array} \Rightarrow \begin{array}{r} 2.89 \\ 3.\overline{)8.67} \\ \underline{6} \\ 26 \\ \underline{24} \\ 27 \\ \underline{27} \\ 0 \end{array}$$

答 2.89

ピカット 296÷4 という整数÷整数も、ちゃんと小数÷小数と同じ規則でやれるんだ。整数のわり算と小数のわり算とは、ちがうわり算だと思っていたのに、ほんとに見直しちゃったなあ。

$$4\overline{)296} \Rightarrow 4.\overline{)296.} \Rightarrow 4.\overline{)296.}$$
小数点をつける

$$\begin{array}{r} 74. \\ 4\overline{)296} \\ \underline{28} \\ 16 \\ \underline{16} \\ 0 \end{array} \Rightarrow \begin{array}{r} 74. \\ 4.\overline{)296.} \\ \underline{28} \\ 16 \\ \underline{16} \\ 0 \end{array}$$

答 74

やってみよう

$2\overline{)5.64}$ $5\overline{)3.25}$ $3\overline{)25.2}$ $7\overline{)16.8}$ $45\overline{)58.5}$ $82\overline{)295.2}$ $13\overline{)127.4}$ $24\overline{)206.4}$

$9\overline{)0.45}$ $3\overline{)0.96}$ $2\overline{)0.08}$ $6\overline{)0.06}$ $4\overline{)856}$ $6\overline{)924}$ $18\overline{)7218}$ $56\overline{)5600}$

わり算にはもうひとつの意味がある

博士 やあ，みんな元気だね。小数のかけ算とわり算は，探検らしい探検だったね。きょうは，おかしでもたべながら，ゆっくりしていきなさい。もっとも，わしの話をきいてもらうのだが。

わしの話というのは，わり算には，もうひとつの意味がある，ということなんじゃ。

ここに2つの問題がある。

① 7.2 dℓ のペンキを 2.4 m² の板にぬる。1 m² あたり何 dℓ ぬることになるか？

② 7.2 dℓ のペンキを，板に 1 m² あたり 2.4 dℓ ぬると，何 m² の板にぬれるか？

どうじゃね？ この2つの問題の意味のちがいがわかるかな？

サッカー まず，問題をといてみようよ。

①の場合
7.2 dℓ ÷ 2.4 = 3 dℓ

②の場合
7.2 dℓ ÷ 2.4 dℓ = 3

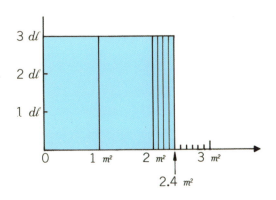

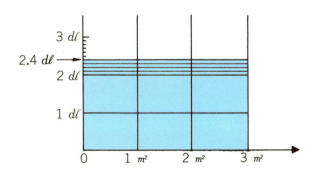

ユカリ もとめる答えの，単位がちがっているわ。①の問題は，1 m² あたりのペンキの量だから，答えは，わられる数と同じ dℓ。でも，②の問題は，どのくらいぬれるかというのだから，同じ 3 という答えでも，m² をつけなくてはならないのよ。

博士 まえに，わり算のところで，こんな勉強をしたのをおぼえているかな？
12 まいのトランプがある。それを 3 人にくばると，12÷3 で，ひとりあたり 4 まいとなる。また，ひとりあたり 3 まいずつくばると，同じ 12÷3 で，4 人にくばることができることがわかる。

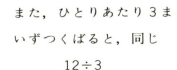

この 1 あたりをもとめるわり算が，①の問題で，いくら分あるかをもとめるわり算が，②の問題にあたるわけじゃね。

ピカット 思い出しました。1 あたりをもとめるわり算は，12 まい÷3＝4 まいと，わられる数の単位と，答えの単位が同じになるのでしたね。

博士 そう，このふたつのわり算も，計算のときは，単位を考えないで，

2.4) 7.68

と，数として計算しなくてはいけない。計算ができたら，わり算の意味を考えて，しっかりと単位をつけなくてはならないのじゃよ。

ところで，商，すなわちわり算の答えが，長さとか重さとか，単位のつく数なら，答えは，たとえば 2.2489…… と，いくらでもこまかくわって行くことができる。ところが，答えにあまりを出さなくてはならない小数÷小数のわり算があるのじゃ。

ユカリ あまりの出るわり算ですって？

あまりの出る小数÷小数

博士 たとえば，8.5 dℓ のジュースを牛乳びんにわけたとする。牛乳びんの容積はみんなも知っているように 1.8 dℓ じゃ。すると，いったい何本のジュースがとれるじゃろう？

サッカー そうか！ きちんと 1.8 dℓ でわり切れなかったら，答えは，何本とあまり何 dℓ となるわけですね。

8.5 dℓ ÷ 1.8 dℓ

```
      4.
1.8)8.5
    7 2
    1 3
```

1本め……8.5 dℓ − 1.8 dℓ = 6.7 dℓ
2本め……6.7 dℓ − 1.8 dℓ = 4.9 dℓ
3本め……4.9 dℓ − 1.8 dℓ = 3.1 dℓ
4本め……3.1 dℓ − 1.8 dℓ = 1.3 dℓ

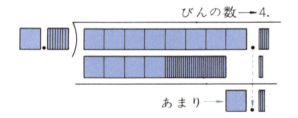

```
      4.
1.8)8.5
    7 2
    1.3
```

ピカット 計算してみようよ。ええと，式は 8.5 dℓ ÷ 1.8 dℓ だから，計算すると，左のようになります。ですから，びんは4本とれて，あまりは 13 dℓ です。あれ，あまりが 13 dℓ では，ちょっとおかしいぞ！

サッカー 1びんの 1.8 dℓ より大きなあまりなんて，あるはずないじゃないか。

ユカリ あまりもきっと小数なのよ。だから，13 dℓ ではなくて，0.13 dℓ ではないかしら？

サッカー ぼくは，1.3 dℓ じゃないかと思うな。でも，どうしたらたしかめられるかな？

ユカリ こう考えたら，どうかしら……。
　1本めは，8.5 dℓ − 1.8 dℓ = 6.7 dℓ
　2本めは，6.7 dℓ − 1.8 dℓ = 4.9 dℓ
というぐあいに，ひいていったら，どう？ あまりは，サッカー君のいったとおり，1.3 dℓ になるのね。

ピカット わかった。あまりの小数点の位置は，わられる数の小数点にそろえて，下におろせばいいんだ。

博士 そのとおり。かんたんじゃろう。では，これから，あまりが出る小数のわり算を探険してごらん。

答 { 4本
　　あまり 1.3 dℓ

7.5÷2.1

```
        3.
2.1)7.5
    6 3
    ―――
    1 2

    1.2 ……あまり
```

6.95÷2.34

```
         2.
2.34)6.95
     4 68
     ―――――
     2 27

     2.27 ……あまり
```

ピカット 8.5÷1.8を計算して，いちばんこまったのは，あまりの数の，小数点の位置をどこにするか，だったね。

サッカー ぼくも，なんとなく1.3じゃないかっていったけど，左のように，わられる数の小数点をおろしてつければいいってわかって，ほっとしたよ。

ユカリ わたしは，タイルを見たら，はっきりわかったわ。もう，だいじょうぶね。

サッカー この問題は，小数点以下2けただけど，かんたんだ。答えは，2と，あまりは小数点に気をつけて，わられる数の小数点をおろすと，2.27。へえ，このあまりは商より大きいね。

ユカリ わる数より小さいから，だいじょうぶよ。まちがいはないわ。

ピカット さて，いろいろなあまりのある計算を探険するか。小人たちがまっているんだってさ。

やってみよう

1.　2.4)28.6　　3.5)69.7　　6.5)7.6

　　7.2)18.6　　1.8)14

2.　3.42)8.97　　2.14)9.75　　2.06)5.63

　　2.31)8.54　　4.56)90.86　　3.21)79.43

　　5.04)6.27　　1.49)8.73

チックの問題

チック 35.66 kg のさとうを，4.08 kg ずつ，かんにいれると，4.08 kg さとうがはいったかんは，いくつできて，何 kg あまる？

35.66 kg ÷ 4.08 kg

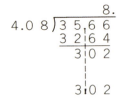

答 { 8 かん
あまり 3.02 kg

ユカリ 35.66 kg を，4.08 kg でわると，8 がたって，あまりが302。あまりの小数点は，わられる数からおろして，3.02。答えは，8 かんとあまり 3.02 kg。これでいいかしら？

チック うまいうまい。

タックの問題

タック 5.9 dℓ のはちみつを1人に 2.6 dℓ ずつわけると，何人にわけられて，何 dℓ のあまりが出るか？

5.9 dℓ ÷ 2.6 dℓ

答 { 2人
あまり 0.7 dℓ

サッカー かんたんだよ。あまりは7だから，2人にわけられて，あまりは 7 dℓ さ。

タック サッカー君，それでいいのかな？

サッカー あ，そうか！小数点をおろすのを忘れていた。答えは，2人とあまり 0.7 dℓ。

タック 小数点に気をつけて！

1. 3.04)7.09　　3.26)83.53　　7.23)8.27　　3.48)9.98　　6.24)9.25

2. 1.8)5.9　　2.4)28.5　　0.5)29.8　　0.4)2.7　　7.25)65.78　　8.34)50.13

　　0.61)14.65　　0.08)0.59　　0.06)8.39

— 110 —

ボーンの問題

ボーン 船がなん破して，ひとりの男が漂流しはじめたんだ。15.68 dℓ の水を1日に 4.56 dℓ ずつしか飲まないとすれば，何日間飲めて，何 dℓ あまるだろう？

15.68 dℓ ÷ 4.56 dℓ

```
         3.
4.56)15.68
     13 68
      2 00
      2 00
```
あまり……2

答 { 3日
    { あまり 2 dℓ

ピカット 計算すると 2.00 のあまりが出たぞ。答えは，3日とあまり 2.00 dℓ だね。

ボーン そうかな？

ピカット いけない！ 小数点以下の0はとって，あまりは 2 dℓ だ。

ボンの問題

ボン さいごはボクの問題だ。8.79 kg のジャムを 3.2 kg ずつのびんづめにすると，いくびんと，あまりは何 kg？

8.79 kg ÷ 3.2 kg

```
      2.7              2.
3.2)8.79         3.2)8.79
    6 4              6 4
    2 39      ⇒      2 39
    2 24         あまり…2 39
    0 15
```

答 2 びん，あまり 2.39 kg

グーグー ボクにやらせて。ええと，2.7 びんと，それから，あまりは 0.15 kg だよ。

ボン おやおや，グーグー，びんづめなのに 2.7 びんなんていえるだろうか？

ユカリ 答えは，2 びんとあまり 2.39 kg よ。

1. 2.34)19.04   7.02)35.18   8.09)59.72

2. 3.17)37.25   8.46)61.92   7.02)28.06

3. 3.1)5.24   4.3)9.08   2.6)34.26

    7.3)86.52   6.5)19.74   9.2)37.05

    0.8)73.18   2.06)8.643   0.53)0.432

— 111 —

わりきれない小数÷小数の計算

博士 ところで、こんどは、どんな計算の問題じゃろうか。ほら、小人君たちが、問題を用意したようじゃよ。

> 4.2 kg の肥料を、2.3 a の広さの畑にまきます。1 a あたり何 kg まくことになるでしょう？ 答えを小数第1位までもとめなさい。

4.2 kg ÷ 2.3

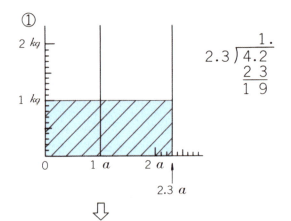

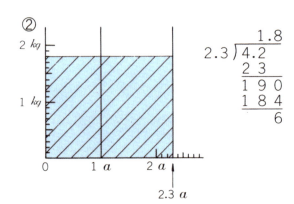

答 1.8 kg

チック さあ、図を見ながらやってごらん。

ユカリ 1 a あたりをもとめるには、4.2 kg を 2.3 でわればいいのね。

ピカット ①の図は、底が 2.3 a の水そうに、ちょうど 1 ℓ だけ入れたところだね。計算では、4.2 kg ÷ 2.3 = 1 kg……あまり 1.9 kg だ。

タック では、1 a あたり 1 kg で、あまりが 1.9 kg だというのかい？

ピカット ちがうよ。まだ 1.9 kg のこっている。これもまかなくてはならないもの。

ボーン そうだね。答えは、1 びんとか、1 人とかではなくて、計ってわかる量の数だから、いくらでもこまかくわけることができる。

サッカー でも、この計算、つぎをどうすればいいのかわからないんだよ。

ボン かんたんさ。19 のところに 0 をおぎなって 190 として、わりすすめばいいんだよ。

ユカリ すると、左下の計算になって、小数第1位までの答えが出たわ。

チック よくできたね。では、答えを小数第2位までもとめると、計算はどうなる？

サッカー いくらわってもわりきれないよ！

```
            1.8260869565521739...
       2.3)4.2
           2.3
           190
           184
            60
            46
           140
           138
            200
            184
            160
            138
            220
            207
            130
            115
            150
            138
            120
            115
             50
             46
             40
             23
            170
            161
             90
             69
```

なんて小さな数字なの！
もっともっとわってちょうだい！

ユカリ たいへんよ！ いくらわってもわりきれないわ！

サッカー ものすごい数字の行列だ！ 頭がへんになっちゃう！

ピカット あんなにわりすすんでも，まだあまりがあるなんて！

博士 みんな、びっくりしてしまって、口もきけないようじゃね。このように、どこまでわってもわりきれない数があるんじゃ。くわしいことは、第9巻で探険することになっているんだがね。
こんな場合、新しい考えかたがひつようになる。つぎのことを、みんなで考えてごらん。

はちみつが、かんに 3.4ℓ はいっている。これを 0.4ℓ いりのびんにつめて売ることにした。

0.4ℓ はいるびんは、いくつできるか？

$$3.4ℓ \div 0.4ℓ$$

答　8本

このはちみつを、ぜんぶびんにいれると、びんは何本ひつようか？

$$3.4ℓ \div 0.4ℓ$$
$$= 8 \text{ あまり } 0.2ℓ$$
$$8 + 1 = 9$$

答　9本

ピカット　0.4ℓ びんで売るんなら、はんぱは売れないから、売れるのは8本だ。

マクロ　おや？ あまりの 0.2ℓ いらないの？ ぼくにくれないかな。

サッカー　だめだめ。マクロは、くいしんぼうだなあ。まだ、つぎの問題がのこっているんだよ。

ユカリ　あまりの 0.2ℓ も、びんにいれるわけだから、びん1本をたして、ひつようなびんは、9本ね。

マクロ　あれ？ 0.2ℓ のはちみつを、びんにいれちゃったの？ ざんねんだなあ。

ピカット　博士、売るときは、はんぱを捨てて考えたけど、びんにぜんぶつめるときは、はんぱを1人まえとして考える、ということですか？

博士　そうじゃ。図をみるとよくわかる。上のばあいを、切り捨て、下のばあいを、切り上げ、という。みんなの身のまわりに、そういうことが、いろいろあるから、さがしてごらん。また、切り捨て、切り上げは、つぎの「およその数」で探険するよ。

やってみよう

1. 小数第1位までもとめよう。

```
        1 2.4
6.7 ) 8 3.4
      6 7
      1 6 4
      1 3 4
        3 0 0
        2 6 8
          3 2
あまり…0.3 2
```

3.5)9.2　　0.42)23.6　　4.68)9.7

0.9)78.1　　0.21)0.8　　3.2)6.45

1.03)0.5　　0.47)7.83　　0.78)9.54

2. 小数第2位までもとめよう。

```
        1.5 3
2.4 ) 3.6 8
      2 4
      1 2 8
      1 2 0
          8 0
          7 2
            8
あまり…0.0 0 8
```

4.8)2.406　　0.4)7.7　　5.7)0.26

4.3)0.865　　0.49)0.569　　0.09)0.8

0.41)1.7　　3.86)9.71　　0.07)0.09

3. 小数第3位までもとめよう。

3.4)5.8　　7.2)8.733　　4.9)2.57

0.29)1.48　　0.3)0.07

4. わりきれるまでわってみよう。

2.4)5.64　　6.25)4.5　　1.2)0.9　　0.4)0.053

0.35)2.17　　8)5

5. 長さ 43.2 m のコードから、長さ 2.5 m のコードは、何本とれるか。あまりは何 m か。

6. 75 dl の塩を、1.8 dl ずつ同じふくろにいれた。塩のふくろは、いくつできるか？ またのこりは何 dl か？

7. 2000 kg つめるトラックで、おもちゃのはいったはこをはこぶことになった。1はこの重さは 2.04 kg。このトラックに何はこつめるか？

8. 1 m の重さが、0.7 g のはりがねがある。このはりがねを 35 g とった。長さは何 m か？

およその数

　みんなは，博士といっしょに，「およその数」の探険に，牧場にやってきた。

　空気のきれいな，ひろびろとした野原で，おおはしゃぎ。博士は，にこにこしながらながめていたが，やがて，みんなをよびあつめた。

博士　切り捨てや，切り上げは，「およその数」のことだったね。だが，このほかにも，四捨五入というのがある。この探険をしておくと，わりきれないときや，長いけた数の数を，かんたんな数であらわすのに，たいへんべんりなんじゃ。

切り捨て

マクロ では，おいらが問題を出すよ。ある人がイチゴジャムを 4.605ℓ 作りました。それを 1ℓ いりのびんにつめて売ったんだけど，何ℓ 売っただろう？

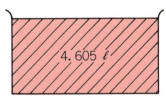

ピカット 4.605ℓ を 1ℓ のびんにつめたのだから，0.605ℓ ははんぱになって，4 びんとれたわけだ。とすると，売ったのは 4ℓ。これは，切り捨てになる問題だな。

博士 そのとおりじゃ。このように，はしたの 0.605ℓ を切り捨てて，4ℓ にすることを，「4.605ℓ を切り捨てて，1 の位までもとめる」というのじゃ。そこで，そのことをわかりやすい図にすると，下の図のようになる。

4.605 を切り捨てで，1 の位までもとめると，

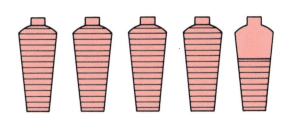

4.605 ─┬─ 4 ········· 1 の位 ──→ 4 になる。
　　　 └─ 0.605 ······ はした

4.605 を切り捨てで，小数第 1 位までもとめると，

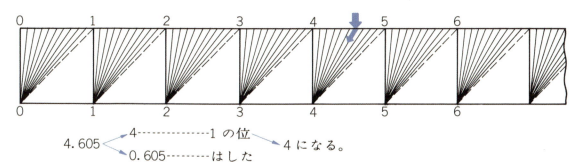

4.605 ──→ 4.6|05　　4.6 になる。

4.605 を切り捨てで，小数第 2 位までもとめると，
4.605 ──→ 4.60|5　　4.60 になる。

切り上げ

ユカリ 切り上げというと、このあいだ、小づつみをゆう便局に出しに行ったのです。すると、料金は、
〔市内〕1 kg まで 150 円、2 kg まで 180 円、3 kg まで 210 円
となっていて、わたしの小づつみは 2.5 kg でしたので、210 円でした。博士、このことも「切り上げ」といえますか？

博士 そのとおりじゃよ、ユカリちゃん。
2 kg をすぎたら、3 kg まで、どんなはすうが出ても、210 円ということになるのじゃ。このことを、切り上げという。

いまのユカリちゃんの小づつみの問題でいえば、「2.5 kg を切り上げで、1 の位までもとめる」というわけじゃ。

では、こんな問題はどうじゃろう。
さとうを、2.65 kg 買いたいのじゃが、店には 1 kg いりのふくろ売りしかない。そうすると、何 kg 買わなくてはならないかな？

サッカー 3 ふくろの 3 kg です。はんぱは売ってくれないんだもの。

博士 それを図であらわしてみると……。

2.65 を、切り上げで 1 の位までもとめると、

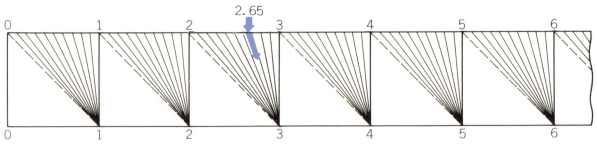

2.65 〈 2
     0.65…はしたも 1 にする → 3 となる。

2.65 を、切り上げで小数第 1 位までもとめると、

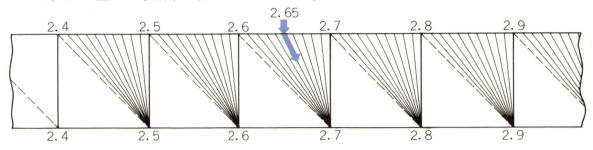

2.65 〈 2.6
     0.05…はした → 0.1 → 2.7

2.65 ─────→ 2.6|5 ─→ 2.7 となる。

四捨五入

博士 はんぱな数を，およその数になおすくふうは，切り捨て，切り上げだけではないのじゃ。「捨」という字は，6年で習う漢字じゃが，「捨てる」とも読む。

では，ちょっと，グーグーとミクロちゃんの背の高さを計って，cmの目もりで読んでごらん。

ユカリ グーグーは，30cmに2mmたりないから，およそ30cmね。

サッカー ミクロちゃんは，29cmより2mm大きいだけだから，やく29cmだよ。

博士 このように，はんぱな数が0.5よりも小さければ29に近く，0.5か，0.5より大きければ30に近い。

そこで，もとめる位の，つぎの位の数が，5より小さければ切り捨てにし，5か，5よりも大きければ切り上げて，上の位に入れることを，四捨五入というのじゃ。

ミクロの身長　29.2cm

グーグーの身長　29.8cm

近いほうの目もりをよむと，

　ミ ク ロ　29cm

　グーグー　30cm

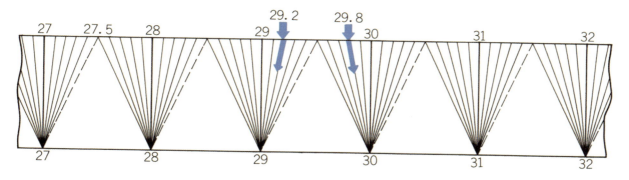

　2.3876を四捨五入で小数第2位までもとめると，

2.3876 ＜ 2.38 ……… 小数第2位まで
　　　　0.0076 ……… はした

　　　　　　　　　　　　　9
2.38|76 ……… 2.38|7̶6̶　答　2.39

大きい数の切り捨て，切り上げ，四捨五入

博士 大きい数を，線の上にあらわすには，下の図のように遠くからみればいい。

サッカー なるほど。大きな数は，遠くにみえるってことか。

ピカット すると，どんな大きな数でも，数直線であらわすことができるんだ。

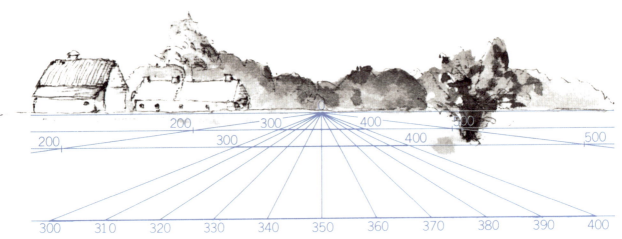

切り捨て

| あまぐりが 968 g ある。これを 100 g ずつふくろにいれて売った。売ったのは何 g か？ |

968 g ＜ 900 g ……100 g いり 9 ふくろ
　　　　68 g ……はした

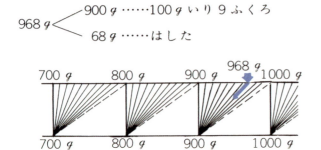

切り上げ

| わら半紙は，1000 枚ずつひとつつみになって売っている。2850 枚の紙がほしいときは，何枚買わなければならないか？ |

2850 ＜ 2000……2つつみ　　3つつみで，
　　　　 850……はしたも　　3000 枚買う
　　　　　　　　1つつみ

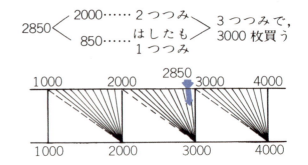

— 120 —

四捨五入

日本でいちばん高い山は，富士山だ。この高さは，3776 m だが，四捨五入で，100 の位までもとめてみよう。

$3776 \begin{cases} 3700……100の位まで \\ 76……はした \end{cases}$

8|00
37|76 ➡ 37|7̶6̶ ➡ 3800   答 3800 m

ピカット おもしろい問題だ。答えは 3800 m だけど，3776 m よりおぼえやすいね。

博士 なかなかいいところに気がついた。このように，切り捨て，切り上げ，四捨五入でつくられた数を，「やく」や「およそ」をつけてあらわすことがある。富士山の高さを，「およそ 3800 m ある」といういいかたはよくきくじゃろう。

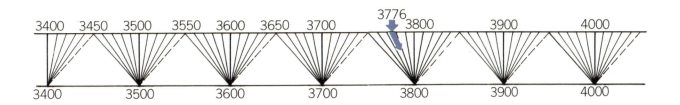

やってみよう

1. 次の数を切り捨てで（　）のなかの位までもとめよう。

   （1の位） 8.3　8.91　16.23　18.24

   （小数第1位） 2.34　5.608　15.3429

   （小数第2位） 9.467　0.489　0.0143

2. 次の数を切り上げで（　）の位までもとめよう。

   （1の位） 7.6　8.45　9.03　0.94

   （小数第1位） 6.37　8.09　0.98　0.37

   （小数第2位） 4.5682　0.497　0.003

3. 次の数を四捨五入で（　）の位までもとめよう。

   （1の位） 8.45　7.52　6.84　13.97　0.8

   （小数第1位） 6.73　1.46　66.08　5.997

   （小数第2位） 19.894　3.768　4.085

4. 次の数を四捨五入で（　）の位までもとめよう。

   （100） 839　4550　5892　79946　7320

   （1000） 74632　98432　580462　9983219

   （10000） 307345　632168　87995687

5. 次の表の数を四捨五入で（　）の位であらわしてみよう。

日本の面積	369999 km² （十）	エベレストの高さ	8848 m （百）
地球の半けい	6378388 m （一万）	太陽の半けい	695990 km （十万）
アジアの面積	494810000 km² （百万）	木星の半けい	71373 km （千）

わり算と四捨五入

博士 さて，およその数はわかったろうから，この新しい考えかたで，わりきれないわり算をやってみよう。みんな，おぼえておるはずじゃ。4.2÷2.3 じゃったね。この答えを，四捨五入で小数第2位までもとめてごらん。

サッカー よし，ぼくがやってみるよ。
小数第2位だから，商は1.82だ。あれ？どこを四捨五入するのかな？

ピカット 小数第3位まで計算しなくちゃ。

サッカー あ，そうか。1.826だ。小数第3位を四捨五入するわけだね。答えは1.83だ。

博士 なんとかできたようだね。
答えを四捨五入でもとめるときは，もとめる位のつぎの位までわり算をする。このことをわすれないようにしなさい。

やってみよう

1. 次のわり算の商を四捨五入して，（ ）のなかの位までもとめよう。

（小数第1位）

4.6)78.93　5.8)97.3　0.3)77.3　0.9)0.28
0.48)1.3　0.07)0.3　43)89.7　13)3.84
3)9.4　3)0.83

（小数第2位）　3.2)9.65　1.3)42.7　0.6)38.74　3.1)17　6.3)84　7)45　9)8

2. 長さ9.73mのコードを6つに切って同じ長さのコードをつくった。1本のコードの長さは何mになるか？ 四捨五入で小数第2位までもとめよう。

— 122 —

3. まちがいを直そう。

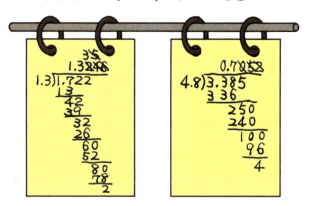

かんたんな小数の計算

×10,　×100,　×1000

マクロ　いいかい，4.325 に 10 をかけてごらん。それから，もうひとつ，同じ 4.325 に 100 をかけてごらん。

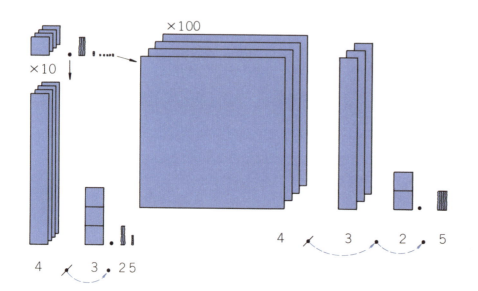

```
   4.325
 ×    10
   0000
  4325
  43.250
```

```
   4.325
 ×   100
   0000
  0000
 4325
 432.500
```

マクロ君に出題されて，×10 をユカリが，×100 をサッカーが，左のようにといた。

マクロ　ふたりともよくできたね。そこで，ちょっと注意してもらいたいのだけど，×10 は，積の小数点が右へ 1 つ，×100 は，商の小数点が右へ 2 つうつっただけだろう？

ピカット　ほんとだ！ ちょうどかける数の 0 の数だけ，小数点が右へうつっているよ。

マクロ　上の図を見ても，それがわかるね。×10 とか，×100 とか，×1000 とかいうときは，計算の式でやらなくても，かける数の 0 の数だけ，小数点を右へうつせばいいんだ。

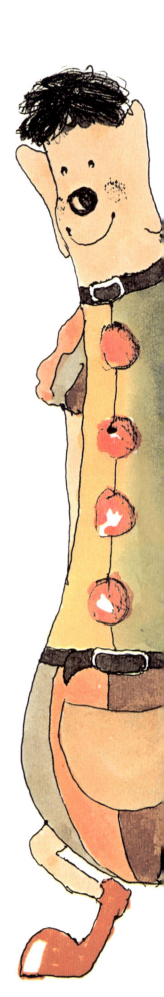

÷10,　　÷100,　　÷1000

ミクロ　こんどは，わたしが問題を出す番よ。43.2 を 10 でわってほしいの。計算してみて。

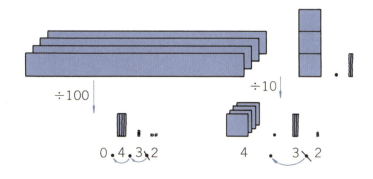

0.4.3.2　　　　4.3.2

```
       4.32
  10 ) 43.2
       40
        32
        30
         20
         20
          0
```

ユカリ　43.2 を 10 でわったら，わる数の 0 の数だけ，小数点がこんどは左へずれたわ！

ミクロ　そうなの。÷100 なら，0.432 と，左へ 2 つ小数点をずらせばいいのよ。かんたんでしょう？計算なんか，なにもすることないわ。

グーグー　これはやさしいね。ぼくだって，×10 や，÷100 なら，100 点だよ。

ミクロ　それなら，グーグー，下の問題をやってちょうだい！

やってみよう

1. 6.485×10　0.785×10　7.423×100　0.002×100　38.5×100
   0.7×100　0.0001×10000

2. 315÷100　467÷10　74.6÷100　4.64÷100　0.347÷100　0.4÷10
   0.03÷100　236÷10000

÷0.1, ÷0.01, ÷0.001

ミクロ 長さが0.1mで重さが2.6gのはりがねがあります。このはりがね1mあたりの重さは、何gかしら?

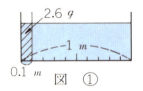
図 ①

サッカー 1あたり量は、わり算でもとめるんだったね。

ピカット そう、式は2.6g÷0.1でいいんだ。ええと、計算すると、26になるから、答えは、1mあたり26g。

ミクロ そのとおり。

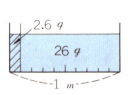
図 ②

ユカリ ÷0.1は、図3でわかるように、2.6gのちょうど10倍になっているわ。

ミクロ いいことに気がついたわね。じゃあ、1.4÷0.01はどうなるかしら?

サッカー よし、計算してみよう!
$$1.4 \div 0.01 = 140$$
÷0.01は、わられる数の100倍になる。

ピカット ということは、÷0.1が10倍、それに÷0.01が100倍だから、わられる数の小数点は、わる数の小数点以下のけた数だけ、右へずれるということじゃないか。

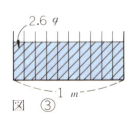
図 ③

ミクロ そのとおり、よくできました。では下の問題をやってちょうだい。

1. 0.674　⎫
    6.74　 ⎬÷0.1
    67.4　 ⎭

    0.768　⎫
    7.68　 ⎬÷0.01
    76.8　 ⎭

2. 0.478÷0.01
    0.0362÷0.001
    0.83÷0.1

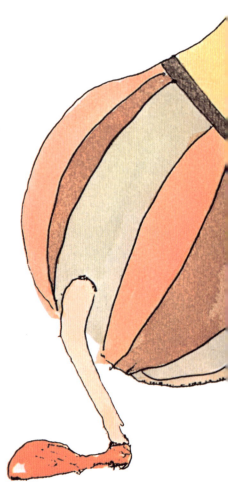

×0.1, ×0.01, ×0.001

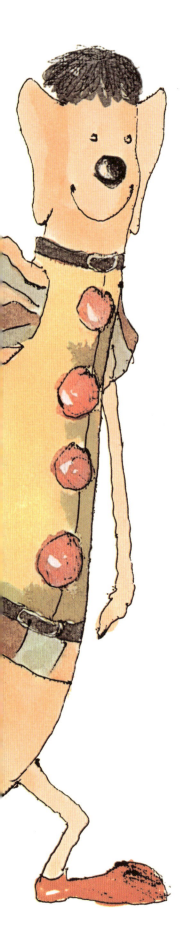

マクロ 小数の問題は，あまり得意じゃないけど，こんどは，こんな問題はどうかな。1mで2.6gのはりがねがある。このはりがねの0.1m分の重さは何gだろうか？

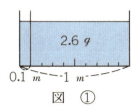

図 ①

ユカリ 2.6gが1mだから，0.1m分は，2.6g×0.1になるわ。計算すると0.26g。かけてへるかけ算なのね。

サッカー やはり，小数点以下のけた数だけ，こんどは小数点を左にずらすことになるんじゃないかな。

ピカット 2.6g×0.01を，ためしにやってみようよ。

$$2.6g × 0.01 = 0.026g$$

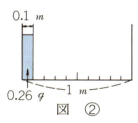

図 ②

ほんとだ。サッカーのいうとおり，こんどは小数点を，小数点以下のけた数だけ，左にずらせばいいんだ。

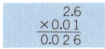

マクロ そのとおりだよ。図3を見てごらん。この図は，2.6g÷10＝0.26gということをあらわしているね。だから，

$$2.6g × 0.1 = 0.26g$$
$$2.6g ÷ 10 = 0.26g$$

と，×0.1は÷10と同じことなんだ。

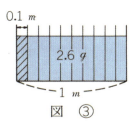

図 ③

ピカット そうか。×0.01も，÷100と同じことなんだね。

やってみよう

1. 826.3
   82.63   ×0.1
   8.263
   0.826

   6.529
   0.652   ×0.01
   0.065
   6529

2. 5.43×0.1

   32.45×0.001

   0.097×0.01

数の性質

外は雨だった。みんなは、博士の研究所にあつまっていた。
博士　さてきょうは、数の性質について、探険しよう。数には、とてもおもしろい、いろいろな性質があるんじゃ。
といって、博士は自動車のおもちゃをとりだした。

倍数とはどんな数?

博士 この箱のなかの,プラモデルの自動車は,車輪が4つずつついている。ところで,その車輪の数は,いくつじゃろう。

ピカット 博士,プラモデルの自動車をぜんぶ見せてくれなければ,わかりませんよ。

博士 しかし,わかる方法があるんじゃ。

サッカー 自動車の台数もわからないのに,どんなことがわかるのですか?

博士 いいかな。では,1台ずつ自動車を出して,車輪の数をしらべてみよう。まず,0台のときは,車輪はいくつ?

ピカット 4×0ですから,0こです。

博士 では,1台とり出すと?

サッカー 4×1で,4こです。

ピカット 車輪の数の4に,車の台数をかければいいから,やさしいかけ算です。

博士 そのとおりじゃ。0台のときは,車輪の数は0こ。1台では,4こ。つまり,

  4×0 4×1 4×2 4×3 ……

と,4の段のかけ算の答えが,車輪の数になるのじゃね。自動車の台数はわからなくても,車輪の数は,かならず4という数に整数をかけた数だということがわかる。

サッカー ええ。それで,自動車は何台あるんですか? あ,12台ですね。とすると,車輪の数は,48こです。

博士 そのとおり。このように,4にある整数をかけてできる数のことを,4の倍数というのじゃ。

ユカリ たとえば400も,4×100でできるのですから,4の倍数ですね。

博士 そうじゃ。では,こんどは,こっちへきなさい。雨が降ったので,あつめることができたんだが……。

— 129 —

サッカー うわあ，カエルだあ！

と，サッカーが大声をあげた。

ユカリ たくさんいるわ！

博士 この箱の中に，カエルが何びきいるかわからない。でも，倍数ということで，いろいろな問題を考えてごらん。

ピカット カエルの数は，1×0, 1×1, 1×2, ……という，1の倍数ですね。

博士 そうじゃ。

サッカー カエルの足は4本だから，4×0, 4×1, 4×2, ……と，4の倍数です。

ユカリ カエルの目は，2の倍数よ。

グーグー ボクも考えたんだけど，カエルのおへそは0だから，何びきいても0。これは0の倍数だよ。

ユカリ あら，グーグーったら，へんなことをいいだしたわ。

博士 いやいや，いいんだよ。あとで出てくるが，グーグーはまちがっていないよ。

ところで，とくに2の倍数のことを，偶数といい，2の倍数でない数のことを，奇数という。みんなもよく知っているだろう。

やってみよう

1. 次の数を奇数と偶数にわけよう。

   4, 9, 7, 6, 3, 0, 1, 5, 8, 2

2. 9の倍数は，どれとどれか。

   12, 18, 15, 36, 42, 9, 0, 20

倍数をタイルであらわす

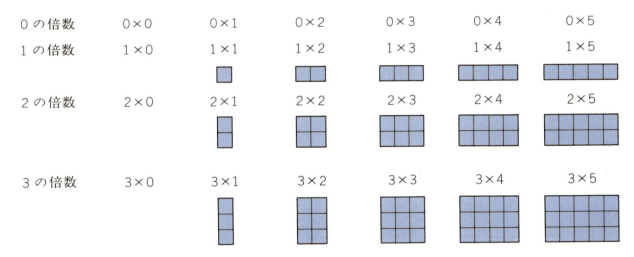

博士 ある数 a の倍数をタイルでならべてみよう。すると，a を1辺とする長方形の形にならぶことがわかるね。そして，おもしろいことに，

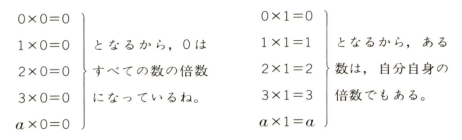

博士 そこで，ある数が倍数であるかどうかは，タイルをならべてみて，長方形になるかどうかでわかるのじゃ。では，6は3の倍数かどうか，やってみてごらん。

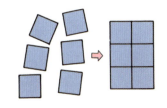

ユカリ きちんと長方形になりますから，6は3の倍数です。

$$\begin{array}{r} 2 \\ 3\overline{)6} \\ \underline{6} \\ 0 \end{array}$$ わりきれる

ピカット それを計算ですると，3でわりきれるから，6は3の倍数です。

博士 では，13は4の倍数じゃろうか？

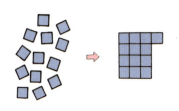

グーグー 長方形にならないから，13は4の倍数ではないよ。

$$\begin{array}{r} 3 \\ 4\overline{)13} \\ \underline{12} \\ 1 \end{array}$$ わりきれない

サッカー 計算ですると，13は4ではわりきれないから，倍数でない。

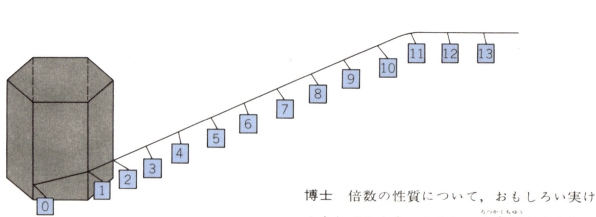

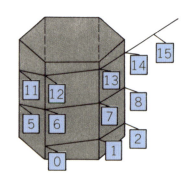

博士 倍数の性質について,おもしろい実けんをしてみよう。ここに,六角柱があるね。この六角柱に,0, 1, 2, 3, ……と書いたカードをひもにつって,ぐるりと巻きつけてみよう。すると,どんなことがわかるかな?

ユカリ 0からはじまり,0の上にきたカードの数は,どれも6の倍数になっています。どんなに長いひもでやっても,0と同じ辺にくるカードは,6の倍数になるんですね!

博士 そのとおりじゃ。では,下の図で,0と同じ辺にくる数はどんな数じゃろう。やってみてごらん。

やってみよう

1. 下の図で,0と同じ辺の上にくる数はどんな数かな?

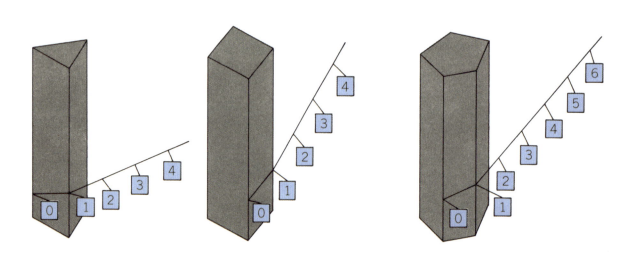

― 132 ―

こんどは、倍数を直線の上でしらべてみよう。次の倍数は、下の直線のどこにあるか、○をつけて数を入れてごらん。

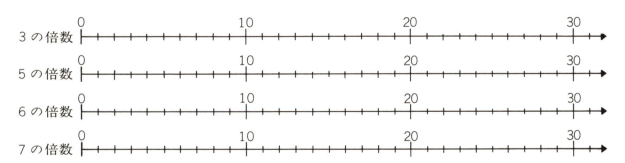

博士 ある数の倍数は、上でやったように、ひとしい間をあけて、規則正しくならんでいるのじゃ。そして、ある数の倍数は、いくらでもたくさんあることが、わかったじゃろう。では、下の「やってみよう」はできるかな？

やってみよう

1. 100までにある、13の倍数をさがそう。

2. ある月の2日が日曜日のとき、その月の日曜日を、全部いってみよう。

3. 右足から歩きはじめて、左足でおわった。歩数は偶数か、奇数か？

4. ある本の右ページが奇数なら、32ページは右ページか、左ページか？

倍数どうしの和と差

博士 倍数どうしをたしたり，ひいたりしたとき，その和や差はどうなるか。1くしに3こずつのおだんごを例にして，何本＋何本，何本－何本という問題を自分たちで考えてごらん。

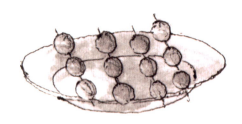

ユカリ では，ここに3本と4本はいったおだんごのさらがあって，それをひとつにしたとする。すると，7本になっておだんごの数は，3×7＝21で，21こね。

サッカー やはり，21は，3の倍数だよ！

ユカリ 倍数どうしのたし算では，やはりその数の倍数が答えになるのね。

ピカット では，ひき算ではどうだろう。さらの7本のおだんごのうち，グーグーかだれかが2本食べたとする。すると，5本あまって，3×5＝15で，15こになる。

ユカリ 15は，やはり3の倍数よ！

ピカット ほんとだ！ おもしろいなあ。

博士 そこで，ある数の倍数どうしの和と差は，はじめの数の倍数である……ということがいえるね。

1. **オウム** 4の倍数を2つ書いてごらん。その2つの数の和が，また4の倍数になっているだろうか？

2. **オウム** 8の倍数を2つ書いてごらん。その2つの数の差が，また8の倍数になっているだろうか？

— 134 —

約数とはどんな数?

博士 ここに，12このタイルがある。このタイルをぜんぶ使って，いろいろな長方形をつくるには，たて，横どのようにタイルをならべたらよいか，やってみてごらん。

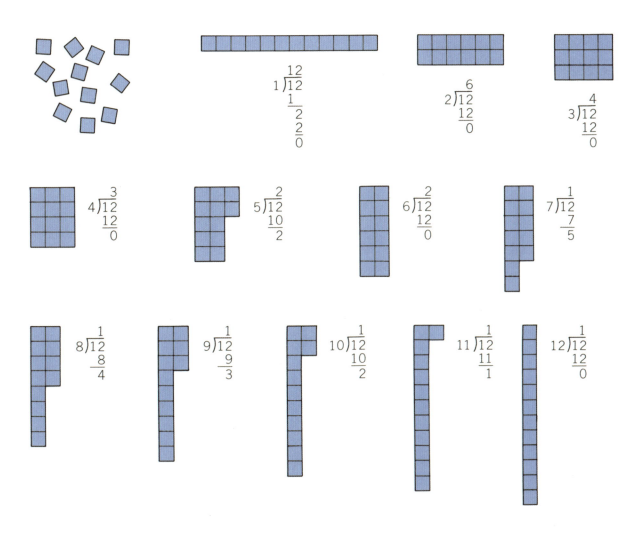

ユカリ たて，横が，1，2，3，4，6，12のとき，タイルはきちんと長方形になります。

ピカット それに，1，2，3，4，6，12という数は，どれも，12をわりきることができるよ。

博士 そう，よくそこまで気がついたね。そこで新しい数の探険じゃが，この1，2，3，4，6，12のように，12をわりきることのできる整数を，12の約数というのじゃ。

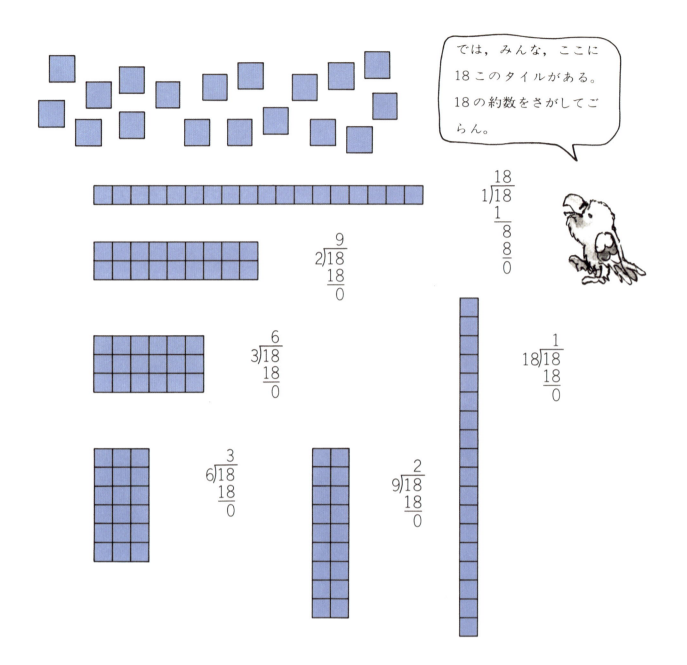

サッカー 12のときのように，タイルで長方形を作ってみようよ。

ピカット うん。まず，1こずつ横にならべて，たて1，横18の長方形。

ユカリ 2と9でも長方形になるわ。

サッカー 3と6でも長方形になる。

ピカット そして，いままでのたて，横を反対にした長方形もできる。

ユカリ すると，18の約数は，1, 2, 3, 6, 9, 18ね。

サッカー うん。どの数も，きちんと18をわりきることができるもの。

博士 よくできたね。ある数 a をわりきることのできる数を，a の約数というのじゃ。では，15の約数を，下の数の中からさがしてごらん。

1, 2, 3, 4, 5, 6, 7, 8, 9, 10, 11, 12, 13, 14, 15

約数の性質のまとめ

博士 ある数の約数を見つけるには、その数を1から順にわってみて、わりきれる数をもとめるとよい、それが約数だったね。約数については、次のようにまとめることができる。みんな、たしかめてごらん。

約数の性質
- ある数を約数でわった商も、はじめの数の約数である。
- 1はすべての数の約数である。
- ある数は自分自身の約数である。
- ある数の約数はその数より大きくない。
- ある数の約数のこ数はかぎりがある。

やってみよう

1. タイルを8こ使ってできる長方形の図を全部かき、8の約数を全部もとめよう。

2. タイル24こを使ってできる長方形の図を全部かき、24の約数を全部もとめよう。

3. 次の数から56の約数をとりだそう。
   1, 2, 26, 24, 28, 56, 14, 16, 9, 5, 7, 4, 33, 32, 18, 3, 19

4. 次の数の約数を全部もとめよう。
   16, 91, 25, 36, 17, 100, 60

倍数と約数

では，いま探険した倍数と約数とのあいだに，どんな関係があるか，博士にきいちゃおうよ。

博士　4×3＝12 という問題で考えてみよう。4から12を見れば，12は4の3倍だから，12は4の倍数じゃね。

ところが，12÷4＝3 という形に直して，12から4を見れば，4は12の約数になっているじゃろう。

サッカー　ほんとうだ。見かたをかえるだけで，倍数と約数がでてくるんですね。

博士　そうじゃよ。倍数と約数という数の意味は，12と4のように，2つの数のうち一方が，他方でわりきれる，という関係を，ちがう表わしかたをしたものなのじゃ。

ユカリ　12は4の倍数であり，4は12の約数である，といえばいいんですね。

博士　そのことを，書き表わす記号がある。こう書けばいい。

$$4\overline{)12}$$

さあ，だれか読んでごらん。

ピカット　4は12の約数である。

博士　そう。それから，こう読むことができる。12は4の倍数である。

$$4 \times 3 = 12 \qquad 12 \div 4 = 3$$

12
↓約数　　↑倍数
4

$4\overline{)12}$ ……… 12は4でわりきれる

（4は12の約数である）

1. 8は40の約数であることを，) の記号を使って表わしてみよう。また，16は4の倍数であることを，同じ記号を使って表わそう。

博士　そこでグーグー，ここにおなじ大きさのタイルがある。まず，グーグーのすきなタイルの列をつくってごらん。

グーグー　1列にならべたよ。タイルは4こだよ。

博士　では，それをもとに，すきな長方形をつくってごらん。
グーグー　たて4，横3の長方形ができたよ。これは，4と3は，12の約数ということだね。

博士　よくわかったね，グーグー。では，それと同じ長方形を，あとふたつ，その長方形の横にならべてごらん。
グーグー　これで，いいの？　たて4，横3の長方形が3つならんだよ。

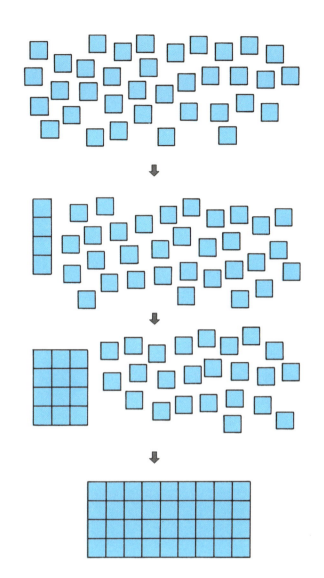

博士　そこで，みんな，どんなことに気がついたかな。いってごらん。
ピカット　タイルの数は，ぜんぶで36。これは，はじめつくった12の長方形の倍数です。
博士　そうじゃね。それから？
ユカリ　36は，はじめ1列にならべた4の倍数にもなっているわ！
博士　なるほどね。そこで，いえることは，ある数aの倍数の倍数は，やはりaの倍数であるということじゃ。

ピカット　そのことは，博士，約数についてもいえませんか。36の約数の4は，同じ36の約数12の約数にもなっています！
博士　そうじゃ，ピカット君。ある数の約数の約数は，はじめの数の約数であるということじゃ。

公倍数の話

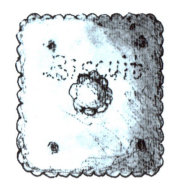

博士　そろそろ，おやつにしようかな。

　こういって，博士が出してくれたのは，長方形のビスケットだった。

博士　このビスケットを食べながら，ゆかいな探険をしようか。

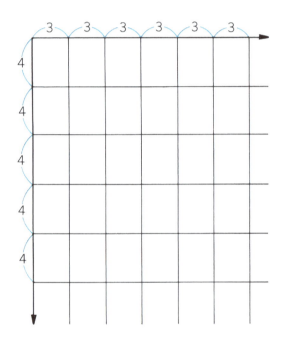

博士　このビスケットは，たてが4cm，横が3cmある。これを，どれも同じ向きに何まいかならべていくと，正方形にならないかな？

ユカリ　ええ，ちょうど12枚で正方形になります。

博士　その正方形の1辺は，何cm？

サッカー　12cmです。

博士　そこで考えてごらん。正方形のたてと横の長さは同じだから，はじめの長方形のたてでも，横でもわりきることができるね？

ピカット　そうか！博士，12cmは，4cmと3cm両方の倍数になっているんですね。

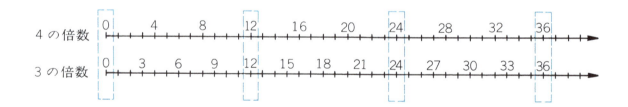

博士　上の図を見てごらん。0, 12, 24, 36, ……が，4と3に共通な倍数じゃね。

サッカー　いまつくった正方形は，12cmの正方形でしたね。

博士　右ページを見れば，よくわかるじゃろう。0cmでは正方形にならないが，1辺が12cm, 24cm, 36cmのときには，きちんと正方形になっているじゃろう？

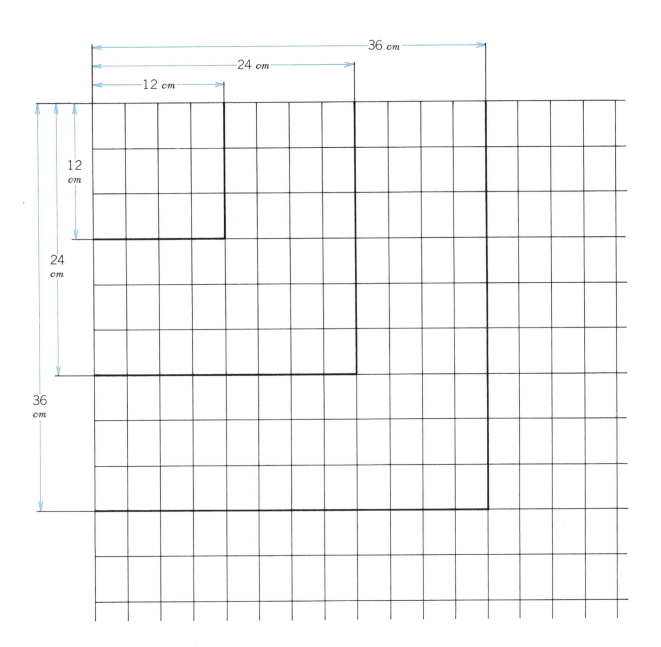

ユカリ 4と3に共通な倍数を1辺にすると12 cm, 24 cm, 36 cm, ……と, いくらでも大きな正方形をつくることができるのですね？

博士 そうじゃ。しかし, はじめの長方形を, 同じ向きにならべないといけないよ。

サッカー ふーん, おもしろいなあ！

博士 そこでじゃ, 0, 12, 24, 36, ……はどれも, 4と3に共通な倍数じゃね。このように, 2つ以上の数に共通な倍数を, それらの数の公倍数というのじゃ。

ピカット 公倍数か。「公」は, 公会堂とか, 公民館とか, 公共の「公」だ。

博士 そのとおり。そして, 0でない, 12のようないちばん小さい公倍数を最小公倍数というのじゃ。

公倍数は, かぎりなくあるが, そのどれもが最小公倍数の倍数になっていることは, もうわかったことじゃね。

1. 次の数のなかで，3と7の公倍数はどれか？
   0, 3, 6, 7, 14, 18, 21, 35, 42, 56, 63, 77, 84, 90, 105, 111

2. 4と6の公倍数は，30までに，0をいれて3つある。その数は何と何か？

3. ある数は，6でも9でもわりきれる。その数は20より大きく，50より小さい。ある数は何だろうか？

4. おとうさんの店は10日めに1日休みをとる。ある日曜日と店の休みがかさなってから次に日曜日と店の休みがかさなるのは，何日あとか？

5. 3と5の最小公倍数を，図にかいてもとめてみよう。

6. ある駅で，A町からの電車は7分おきに，B町からの電車は12分おきにつく。ちょうど7時にA町からの電車とB町からの電車がいっしょについた。次にいっしょにつくのは何分あとか。またその時刻もいってみよう。

7. 次の数は（ ）のなかの2数の公倍数かどうかたしかめよう。
   72（4, 6）　　90（6, 5）　　32（4, 6）　　15（15, 5）　　60（12, 5）　　36（8, 14）

8. ある数は，5でも8でもわりきれる。その数は50より大きく，100より小さい。ある数をもとめよう。

9. 10円玉10こもって，文ぼう具店で画用紙を買った。画用紙は1枚6円である。おつりがないようにするには，画用紙を何枚買えばいいか？

公約数の話

博士 ビスケットを食べ終わったところで、こんどは、1まいの紙を用意しよう。たて9cm、横12cmの紙じゃ。この紙から、あまりが出ないように、同じ大きさの正方形をとってごらん。1辺の長さが何cmの正方形ができるかな？

ピカット うん、ピカッときたぞ！ もし正方形ができるとすれば、それは、9と12に共通な約数ではないだろうか？

ユカリ きっと、そうよ！ 9の約数は、1、3、9ね。12の約数は、1、2、3、4、6、12だから、1と3が共通な約数よ。

サッカー すると、1辺が1cmの正方形と、1辺が3cmの正方形がとれるわけだね。そこで、じっさいにやってみると、ほんとだ、1辺が3cmの正方形が12こと1辺が1cmの正方形が108こ、あまりなくとれたよ。

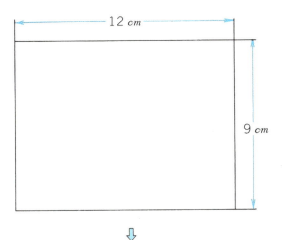

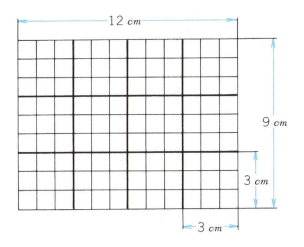

博士 よくやったね！ 1と3は、9と12の共通の約数じゃ。このように、2つ以上の数に共通な約数を公約数というのじゃ。だから、公約数にはかぎりがある。そして、公約数の中でいちばん大きな公約数(この場合は、3にあたる)、それを最大公約数というのじゃよ。

ユカリ いちばん大きい正方形をつくったときの1辺が、最大公約数になるんですね。

博士 そのとおりじゃ。

1. 次の数のなかで、6と12の公約数はどれだろうか？

   1, 2, 3, 4, 5, 6, 7, 8, 9, 10, 11, 12, 13, 14, 15

最大公約数のもとめかた

博士 次の長方形を、できるだけ大きなタイルでしきつめてごらん。

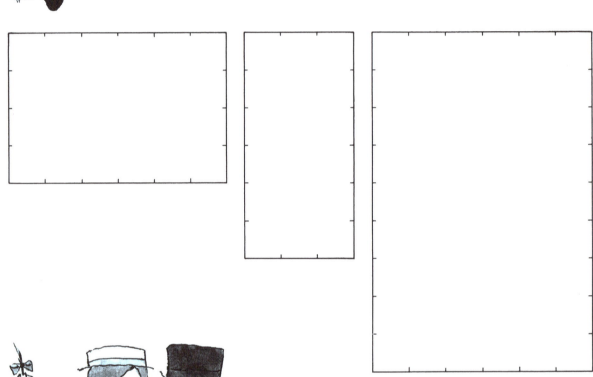

博士 さて、どうかな？ ふむ、みんなできたようじゃ。ところで、最大公約数の表わしかたがあるんじゃが、知っておきなさい。

a と b の最大公約数を、(a, b) と表わすことができる。たとえば、$(9, 12) = 3$ と書けばいいんじゃ。

$(4, 6)$, $(5, 15)$, $(12, 20)$ はそれぞれ、どんな数だろう？

博士 さて，下の図を見てごらん。もし，$b)a$ ならば，b は a をわりきることができるので，1辺が b の正方形がとれて，最大公約数は b ということになるじゃろう。しかし，……。

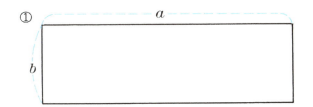

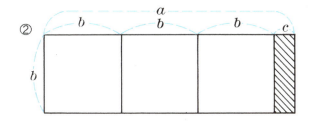

博士は，つづけて説明してくれた。

博士 b が a の約数でないときは，第2図のように，1辺 b の正方形をいくつかとったあと，c の長さのあまりが出てしまうね。

サッカー ほんとだ。のこりが出てしまった。もう正方形がとれないときは，どうすればいいんですか？

博士 のこったたて b，横 c の長方形から，できるだけ大きな正方形をとらなくてはならないのじゃ。それが，図3じゃ。

ピカット でも，博士，1辺が c の正方形をしきつめたあと，まだのこりが出ましたよ！

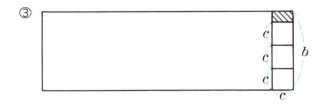

博士 そう，図4のたて d，横 c の長方形が，またあまってしまったね。そこでこんどは，1辺が d の正方形を考えてみる。すると，図5のように，のこりもぜんぶうめることができた。

ユカリ のこりを，このように正方形でうめていくと，さいごにはぜんぶうまってしまうのですね。でも，最大公約数はどうなってしまうのですか？

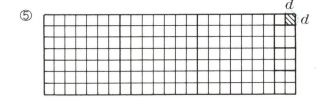

博士 最大公約数は，d なのじゃよ。そこで，このことがもっとよくわかるように，いっしょにつぎのページの問題を考えてみよう。

オウム では，オウムのタロウ君からの出題だよ。いまの方法で，下の(32, 12)を求めてくれないか？やさしい問題さ。

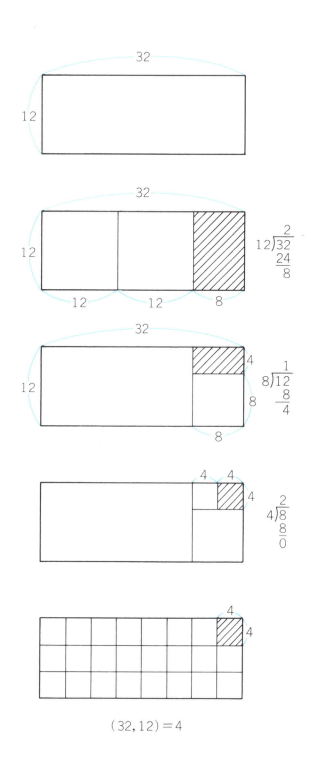

サッカー 32と12では，32の方が大きいけど，12は32の約数にはなってないぞ。

ユカリ 横32から，1辺が12の正方形がいくつとれるかしら？

ピカット 2つとれて，8あまるよ。だって，32÷12＝2……あまり8だもの。

ユカリ のこったのは，たて12，横8の長方形ね。ここから，1辺が8の正方形をとると，1つとれて，あまり4。計算では，12÷8＝1……あまり4ですものね。

サッカー まだ，たて4，横8という長方形がのこっているよ。ここから，1辺4の正方形をとると，……。うまい！ちょうど2つとれて，のこりは0だよ！

ピカット 計算では，8÷4＝2と，わりきれるものね。

ユカリ そこで，このさいごの正方形の1辺の4が，最大公約数になるのね。

　　　答　(32, 12)＝4

博士 いや，よくそこまでわかったものじゃ。そこで，さいごに，最大公約数のもとめかたを，わしにまとめさせてもらうとしよう。

博士　さて，いまの問題をもういちど，ふりかえってみよう。32と12の最大公約数をもとめるには，

① 大きい数を小さい数でわる。わりきれれば小さい数が最大公約数。

② わりきれないときは，①のあまりで小さい数をわる。

③ ②のあまりで①のあまりをわる。

④ 次に③のあまりで②のあまりをわる。

これとおなじことをわりきれるまでつづけるのじゃ。わりきった数が最大公約数だね。

ピカット　ほんとうだ。さいごは4でわりきれたよ。

博士　この方法は，2つの数をたがいにわっていくので，互除法（ごじょほう）というんじゃ。

それでは，互除法で(14, 36)をもとめてごらん。

(14, 36)

```
        2
    14)36
       28
        8  →  8)14
                8      1
                6  →  6)8
                       6      1
                       2  →  2)6   3
                              6
                              0
```

答　(14, 36)＝2

博士　わる数をどんどんわっていくのが，よくわかるね。
そこで，わしが便利な計算の方法を教えてあげよう。

サッカー　あれ？ 式が右から左にのびてくるよ。おもしろい計算のしかただなあ。

(14, 36)

```
 3    1    1    2
2)6  )8  )14  )36
 6    6    8   28
 0    2    6    8
```

答　(14, 36)＝2

やってみよう

1. 互除法を使って，最大公約数をもとめよう。
　　① (92, 132)　② (42, 64)　③ (684, 236)　④ (357, 123)

3つの数の最大公約数

博士 いままで2つの数の最大公約数だったが，こんどは3つの数の最大公約数をもとめてみよう。

サッカー へえ？ 3つの数のもできるの?

博士 そうじゃ。それでは，629，391，255 の最大公約数は何か，やってみよう。

(629, 391, 255)

① 629，391，255 では，255 がいちばん小さい。

②
$$255\overline{)629} \qquad 255\overline{)391}$$

255，119，136 では，119 がいちばん小さい。

③
$$119\overline{)255} \qquad 119\overline{)136}$$

119，17，17 では，17 がいちばん小さい。

④
$$17\overline{)119} \qquad 17\overline{)17}$$

17 でわりきれる。

答 （629，391，255）＝17

ピカット ほんとうだ。たしかに最大公約数だよ。17 以上の公約数はないよ。

博士 このことをまとめてみると，3つの数 a，b，c の最大公約数をもとめるには，

① いちばん小さい数 a で，b，c をわる。わりきれれば a が最大公約数。

② ①の小さいほうのあまりで，aと①の大きいほうのあまりをわる。

③ ②の小さいほうのあまりで，①の小さいほうのあまりと，②の大きいほうのあまりをわる。

これとおなじことを，わりきれるまでつづければ，わりきった数が最大公約数となる。これは，3つの数の互除法というんじゃ。

やってみよう

1. 互除法を使って，最大公約数をもとめよう。

① （21，28，35）　② （6，15，21）

③ （25，30，45）　④ （68，84，12）

2. かきのたね 112 こ，くるみ 80 こ，くりのみ 32 こある。できるだけ多くの人に，それぞれおなじ数ずつわけてあげたい。いったい何人の人にわけてあげられるか?

最小公倍数のもとめかた

博士 さあ，こんどは最小公倍数のたんけんをしよう。2つの数 a，b の最小公倍数をもとめる問題は，たて $a\,cm$，横 $b\,cm$ の長方形をおなじ向きにしきつめて，できるだけ小さな正方形の1辺の長さをもとめる問題とおなじなのじゃ。

では，みんな，つぎの長方形をおなじ向きにしきつめて，できるだけ小さな正方形をつくってごらん。

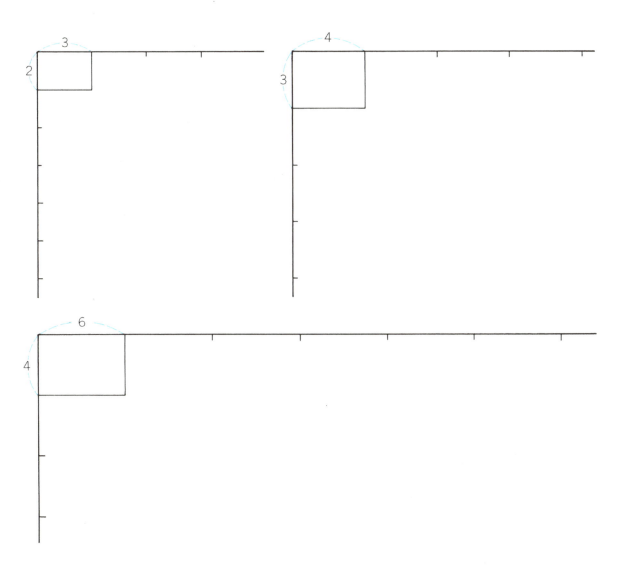

博士 どうやら，みんな，できたようじゃね。そこで，a と b との最小公倍数を $[a,\ b]$ とあらわすのじゃ。

たとえば $[3,\ 4]=12$ と書いて，3 と 4 の最小公倍数は 12 と読む。

博士　さて，みんなにやってもらおうか。2つの数18，24を，たて，横とする長方形で〔18，24〕をもとめてごらん。

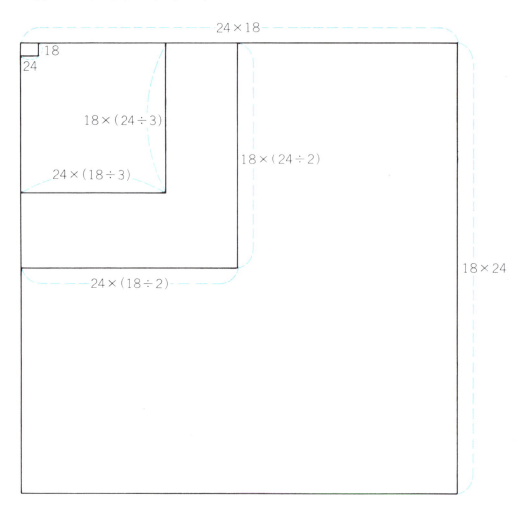

サッカー　すぐにはわからないよ。

博士　それじゃ，たてに24，横に18ならべてみよう。すると，どんな形になったかな？

ピカット　たてが18×24，横が24×18，そうか，正方形になるね。

博士　そうじゃ。2つの数がどんな数でも2つの数の積は，その2つの数の公倍数だ。では，たてに24，横に18並べたが，たて・横それぞれ2等分して，
　　たて24÷2＝12　　横18÷2＝9
に並べても正方形になるはずじゃ。

ユカリ　18×(24÷2)と，24×(18÷2)はひとしいから，正方形になるわ。

博士　それでは，3等分したらどうかな？

サッカー　たて18×(24÷3)，横24×(18÷3)だから，やっぱり正方形だよ。
それじゃ，4等分，5等分はどうかな？

ピカット　計算はできるけど，4や5は24と18の公約数じゃないから，できないよ。

ユカリ　でも6等分はできるわ。

ピカット　うん，たて$18×(24÷6)$，横$24×(18÷6)$で，たしかに正方形になる。あれ？ 6は24と18の最大公約数だぞ。

博士　気がついたようだね。$(18, 24)=6$だから，このたてと横に並べた正方形の数を6よりおおく等分することはできないということじゃ。このとき，右の図のように，

　　　　たて$24÷6=4$　　横$18÷6=3$

に並べるといいんじゃね。すると，この正方形の一辺の長さは$18×4=72$または$24×3=72$だから，72になる。

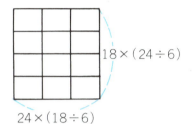

ユカリ　これがいちばん小さな正方形だから，72は，18と24の最小公倍数じゃないかしら？

博士　そのとおりじゃ。

このことをまとめてみると，2つの数a, bの最小公倍数は，

① (a, b)をもとめる。　② (a, b)で，一方の数aをわる。

③ bに②の答えをかける。

で，もとめられる。

この方法で$[32, 72]$をもとめてごらん。

$(32, 72)=8$

$32÷8=4$

$72×4=288$

$$\begin{array}{r}4\ 2\\8\overline{)32}\ \overline{)72}\\32\ \ 64\\\overline{0}\ \ \overline{8}\end{array}$$

答　$[32, 72]=288$

博士　また，①②③から，$b×a÷(a, b)=[a, b]$だから，

　　$a×b=(a, b)×[a, b]$

　　2数の積＝最大公約数×最小公倍数

になるのじゃ。

博士　どうじゃな，約数と倍数の話は？

サッカー　互除法なんか，とてもおもしろかったなあ。

ピカット　でも，博士，なぜ約数や倍数が必要なんですか？

博士　ふむ，それは次の探険でよくわかる。ところで，君たちのクラスで当番があるじゃろう？

ユカリ　ええ。わたしはいま，4日に1回金魚ばちの水をいれかえ，それから10日に1回

図書の整理をしています。

サッカー　へえ，さすがユカリちゃん。よくおぼえているね。

博士　そこで，みんなに質問しよう。ユカリちゃんは，4日に1回金魚ばちの水をいれかえ，10日に1回図書の整理をするそうじゃが，金魚ばちの水をいれかえる日と，図書の整理の日がかさなってから，次にかさなるのは，何日後になるじゃろう？

ピカット　最小公倍数をだせばいいんだ！

〔4，10〕

$(4, 10) = 2$

$10 ÷ 2 = 5$

$4 × 5 = 20$

$$2 \overline{)4} \quad 2 \overline{)10}$$
$$\frac{4}{0} \quad \frac{8}{2}$$

〔4，10〕＝20

答　20日後

やってみよう

1. 次の表のあいているところに，あう数をいれよう。

a	b	$a × b$	(a, b)	〔a, b〕
24	36			
55	20			
9	15			

2. 山田さんの村の A 寺のかねは8秒おきに，B 寺のかねは10秒おきになる。はじめ，同時に2つのかねがなったとすると，次に同時にかねがなるのは何秒後か？

3. 2つの歯車 A，B がかみ合っている。A の歯の数は36，B の歯の数は48である。ある2つの歯がかみ合ってからふたたびその歯がかみあうまでに，それぞれ何回転するか？

4. ノート24さつ，えんぴつ32本を，なるべく多くの子どもに，おなじようにわけたい。何人の子どもにわけられるか？またそのときの1人分は，それぞれどれだけか？

— 152 —

もう雨はやんだようだ。
次の探険が，たのしみじゃね。

博士，またきます。

博士，ほんとにありが
とうございました。

とてもよくわかって，
おもしろかったなあ。

分数の通分とたし算・ひき算

ユカリ あら，気がついたら，わたしたち，また分数館にきているのね！

サッカー ほんとだ！「整数の性質」を探険したばかりなのに，やすみもないんだよ。

見上げると，3かいから4かいへのぼるかいだんのおどり場に，いかめしい顔つきの男が立っているのが見えた。

ピカット あの人，きっと番人だよ。ぼくらを待ちかまえているんだ！

やはり番人は，3人のほうをにらむようにしていった。

番人 ごくかんたんな問題を出すぞ。これができないと，ここを通さないから，そう思え。いいか，$\frac{5}{6}$と$\frac{7}{8}$とでは，いったいどちらが大きいか?

番人の声があんまり大きいので，みんなは顔を見合わせた。

ユカリの意見

$\frac{5}{6}$と$\frac{7}{8}$とは，分母がちがうからくらべられないわ! もし分母が同じなら，かんたんにくらべられるのになあ。そうか，タイルでくらべてみるのはどうかしら?

サッカーの意見

分母を同じにする方法があるような気がするんだ。両方を2倍にしたら，どうかな?
$\frac{5 \times 2}{6 \times 2} = \frac{10}{12}$　$\frac{7 \times 2}{8 \times 2} = \frac{14}{16}$
あれ? だめかあ!

ピカットの意見

ピカッときたぞ!
倍分して，分母をそろえればいいんだ。分母を，6と8の最小公倍数にすれば，うまくいきそうだよ。

● 分母6と8の最小公倍数をもとめるために，まず6と8の最大公約数を計算する。

● だから，〔6, 8〕は，
① $6 \times (8 \div 2) = 24$
② $8 \times (6 \div 2) = 24$ 〉となる。

● そこで，① を使って$\frac{5}{6}$を倍分すると，
$\frac{5}{6} = \frac{5 \times (8 \div 2)}{6 \times (8 \div 2)} = \frac{20}{24}$

また，② を使って$\frac{7}{8}$を倍分すると，
$\frac{7}{8} = \frac{7 \times (6 \div 2)}{8 \times (6 \div 2)} = \frac{21}{24}$

● $\frac{20}{24} < \frac{21}{24}$だから，　　答　$\frac{5}{6} < \frac{7}{8}$

サッカー そうか! 最小公倍数をもとめれば，分母は同じになるね。でも，最小公倍数のもとめかたは，どうすればよかったんだ?

ユカリ 一方の数を最大公約数でわって，それをもう一方の数にかければいいのよ。

サッカー すると，最大公約数をまずもとめなくちゃ。

ユカリ 6と8の最小公倍数は，だから，①と②のふたつ。〔6, 8〕＝24よ。

ピカット 分母の6が24になるということは，6に(8÷2)をかけることだから，分子の5にも(8÷2)をかけてやる。

サッカー もうひとつの分母の8が24になるということは，8に(6÷2)をかけることだから，分子の7にも(6÷2)をかけなくちゃ。

ピカット すると，$\frac{5}{6}$は$\frac{20}{24}$になり，$\frac{7}{8}$は$\frac{21}{24}$になったじゃないか!

サッカー ばんざあい! できたぞ。

ユカリ $\frac{5}{6}$より$\frac{7}{8}$のほうが大きいわ。番人さん。

番人 うむ，よくできた。「数の性質」の探険をしてきただけあるぞ。

このように，2つ以上の分数を，大きさをかえないで，どれもおなじ分母の分数に倍分することを，通分というのだ。通分をすれば，分母がちがう分数でも，その大きさをくらべることができるし，たし算やひき算だってできるようになるぞ。

サッカー へえ？ 分母がちがう分数の計算があるの？

番人 あるんだ。通分の探険がすんだら，たし算，ひき算のへやがあるから，行ってごらん。

やってみよう

( )のなかの分数を通分しよう。

1.　$\left(\dfrac{5}{39},\ \dfrac{3}{52}\right)$
　　$(39,\ 52)=13$
　　$39\div13=3,\ 52\div13=4$
　　$[39,\ 52]=39\times4=52\times3=156$
　　$\dfrac{5}{39}=\dfrac{5\times4}{39\times4}=\dfrac{20}{156}$
　　$\dfrac{3}{52}=\dfrac{3\times3}{52\times3}=\dfrac{9}{156}$

$\left(\dfrac{5}{8},\ \dfrac{7}{12}\right)$　　$\left(\dfrac{3}{4},\ \dfrac{5}{6}\right)$　　$\left(\dfrac{9}{8},\ \dfrac{13}{6}\right)$　　$\left(\dfrac{4}{9},\ \dfrac{5}{6}\right)$

$\left(\dfrac{5}{12},\ \dfrac{7}{8}\right)$　　$\left(3\dfrac{7}{9},\ 4\dfrac{7}{12}\right)$　　$\left(3\dfrac{7}{10},\ 4\dfrac{8}{15}\right)$

$\left(\dfrac{13}{60},\ \dfrac{5}{24}\right)$　　$\left(\dfrac{8}{21},\ \dfrac{17}{56}\right)$　　$\left(\dfrac{5}{18},\ \dfrac{7}{8}\right)$　　$\left(\dfrac{31}{42},\ 1\dfrac{4}{9}\right)$

2.　$\left(\dfrac{1}{2},\ \dfrac{3}{4}\right)\ \rightarrow\ \left(\dfrac{1\times2}{2\times2}=\dfrac{2}{4},\ \dfrac{3}{4}\right)$
　　$\left(\dfrac{5}{6},\ \dfrac{2}{3}\right)\ \rightarrow\ \left(\dfrac{5}{6},\ \dfrac{2\times2}{3\times2}=\dfrac{4}{6}\right)$

$\left(\dfrac{3}{5},\ \dfrac{13}{20}\right)$　　$\left(\dfrac{1}{2},\ \dfrac{1}{4}\right)$　　$\left(\dfrac{3}{7},\ \dfrac{16}{21}\right)$　　$\left(\dfrac{17}{24},\ \dfrac{2}{3}\right)$

$\left(7\dfrac{1}{2},\ 5\dfrac{5}{8}\right)$　　$\left(5\dfrac{11}{18},\ \dfrac{5}{6}\right)$　　$\left(\dfrac{7}{9},\ 7\dfrac{1}{81}\right)$

3.　$\left(\dfrac{3}{4},\ \dfrac{2}{3}\right)$
　　$\longrightarrow\ \left(\dfrac{3\times3}{4\times3}=\dfrac{9}{12},\ \dfrac{2\times4}{3\times4}=\dfrac{8}{12}\right)$

$\left(\dfrac{2}{3},\ \dfrac{3}{4}\right)$　　$\left(\dfrac{1}{3},\ \dfrac{2}{5}\right)$　　$\left(\dfrac{11}{7},\ \dfrac{11}{8}\right)$　　$\left(\dfrac{4}{5},\ \dfrac{5}{6}\right)$

$\left(\dfrac{11}{12},\ \dfrac{5}{7}\right)$　　$\left(\dfrac{1}{13},\ \dfrac{9}{11}\right)$　　$\left(1\dfrac{4}{5},\ 8\dfrac{8}{9}\right)$

たし算の第1のへや

ある人が，朝，牛乳を $\frac{2}{15}\ell$ のみ，昼には， $\frac{7}{10}\ell$ のんだ。合わせて何 ℓ のんだか。

$\frac{2}{15}\ell + \frac{7}{10}\ell$

$\frac{2}{15} + \frac{7}{10}$

$= \frac{2\times(10\div 5)}{15\times(10\div 5)} + \frac{7\times(15\div 5)}{10\times(15\div 5)}$

$= \frac{4}{30} + \frac{21}{30}$

$= \frac{25}{30}$

$= \frac{5}{6}$

通　分
↓
た　す
↓
約　す

答　$\frac{5}{6}\ell$

ユカリ　分数のたし算よ。まず通分ね。

サッカー　分母を15と10の最小公倍数にするために，最大公約数を計算すると，

$5{\overline{\smash{\big)}\,{10}}}{\overline{\smash{\big)}\,{15}}}$
　$\underline{10}\underline{10}$
　05

$\overset{2}{}\overset{1}{}$

で，$(15, 10) = 5$

だから，左のように通分して，あとは分子だけをたせばいいから，$\frac{25}{30}$，それを約分すると，$\frac{5}{6}$だ。答えは $\frac{5}{6}\ell$ だよ。

通分してたしたあと，約分に気をつけよう！

やってみよう

1. $\frac{1}{6}+\frac{3}{14}$　　$\frac{8}{15}+\frac{3}{10}$　　$\frac{13}{21}+\frac{3}{14}$　　$\frac{1}{15}+\frac{5}{6}$　　$\frac{9}{20}+\frac{2}{15}$　　$\frac{2}{21}+\frac{5}{6}$　　$\frac{4}{35}+\frac{11}{14}$　　$\frac{4}{33}+\frac{5}{6}$

   $\frac{1}{6}+\frac{3}{8}$　　$\frac{1}{6}+\frac{2}{9}$　　$\frac{3}{10}+\frac{1}{4}$　　$\frac{1}{6}+\frac{1}{4}$　　$\frac{3}{8}+\frac{5}{12}$　　$\frac{7}{15}+\frac{2}{9}$　　$\frac{3}{8}+\frac{3}{10}$　　$\frac{5}{14}+\frac{8}{21}$

2. $\frac{1}{2}+\frac{3}{10}$　　$\frac{1}{3}+\frac{1}{6}$　　$\frac{1}{4}+\frac{3}{20}$　　$\frac{2}{15}+\frac{1}{3}$　　$\frac{1}{4}+\frac{3}{8}$　　$\frac{1}{2}+\frac{1}{4}$　　$\frac{7}{25}+\frac{2}{5}$　　$\frac{5}{18}+\frac{4}{9}$

3. $\frac{3}{5}+\frac{1}{4}$　　$\frac{2}{3}+\frac{1}{8}$　　$\frac{3}{4}+\frac{1}{7}$　　$\frac{1}{3}+\frac{1}{4}$　　$\frac{1}{3}+\frac{2}{5}$　　$\frac{3}{4}+\frac{2}{9}$　　$\frac{3}{8}+\frac{2}{5}$　　$\frac{1}{2}+\frac{4}{9}$

たし算の第2のへや

自転車の荷台に、$2\frac{3}{10}$ kg と $4\frac{5}{6}$ kg の荷物をのせた。ぜんぶで何 kg になるだろう？

$2\frac{3}{10}$ kg $+ 4\frac{5}{6}$ kg

$2\frac{3}{10} + 4\frac{5}{6}$

$= 2\frac{3\times3}{10\times3} + 4\frac{5\times5}{6\times5}$　　通分
　　　　　　　　　　　　　　↓
$= 2\frac{9}{30} + 4\frac{25}{30}$　　　　　た　す
　　　　　　　　　　　　　　↓
$= 6\frac{34}{30}$　　　　　　　　　　直　す
　　　　　　　　　　　　　　↓
$= 7\frac{4}{30}$　　　　　　　　　　約　す

$= 7\frac{2}{15}$

答　$7\frac{2}{15}$ kg

ピカット こんどは、ぼくがやろう。これは帯分数だけど、通分のときは、整数のところをそのままにしてよかったんだったね。ええと、〔10, 6〕＝30 になる。
だから、分母を30にそろえるためには、$\frac{3}{10}$ の分母と分子に3をかけてやり、$\frac{5}{6}$ の分母と分子には5をかけてやればいい。
そして、たし算だけど、整数は整数どうしでたして、分数は分子と分子をたして、$6\frac{34}{30}$

サッカー ピカット、それは帯仮分数だぞ！

ピカット おっと、いけない。直して $7\frac{4}{30}$

ユカリ あら？約分できるわよ。約して $7\frac{2}{15}$

ピカット ほんとだ。ごめんごめん。

分母がちがう分数の計算は、通分・たす・直す・約す、の四びょうしを、おぼえてね。

やってみよう

1.　$2\frac{14}{15}+3\frac{9}{10}$　　$6\frac{8}{21}+5\frac{13}{14}$　　$4\frac{11}{20}+7\frac{8}{15}$　　$2\frac{5}{6}+7\frac{17}{21}$　　$3\frac{7}{8}+1\frac{5}{6}$　　$5\frac{4}{9}+6\frac{13}{15}$

2.　$2\frac{5}{6}+5\frac{11}{12}$　　$2\frac{1}{8}+7\frac{19}{24}$　　$5\frac{7}{36}+9\frac{5}{6}$　　$1\frac{2}{3}+2\frac{3}{4}$　　$2\frac{4}{9}+8\frac{1}{2}$　　$4\frac{4}{5}+3\frac{6}{7}$

3.　学校の水そうに水をいれた。山田さんは $6\frac{9}{14}$ ℓ いれ、川田さんは $9\frac{5}{6}$ ℓ いれた。水そうにいれた水は、何 ℓ か？

たし算の第3のへや

ある人が $2\frac{7}{10}$ ha の畑と，$2\frac{2}{15}$ ha のリンゴ畑を持っていた。土地はぜんぶで何 ha か？

$2\frac{7}{10}ha + 2\frac{2}{15}ha$

$2\frac{7}{10} + 2\frac{2}{15}$

$= 2\frac{7\times3}{10\times3} + 2\frac{2\times2}{15\times2}$

$= 2\frac{21}{30} + 2\frac{4}{30}$

$= 4\frac{25}{30}$

$= 4\frac{5}{6}$

答 $4\frac{5}{6}ha$

ユカリ 10 と 15 の最小公倍数は，30。だから，$2\frac{7}{10}$ には，分母と分子にそれぞれ 3 をかけてやり，$2\frac{2}{15}$ には分母，分子それぞれに 2 をかけてやればいいのね。

そして，たすと，$4\frac{25}{30}$，これは仮分数ではないから，なおす必要ないわ。そこで，約分すると $4\frac{5}{6}$ ね。

さあ，みんな，四びょうしはおぼえちゃったかな？
これで，たし算は終わって，こんどは，ひき算の探険がまってるよ。

やってみよう

1. $3\frac{4}{21}+5\frac{9}{14}$　　$5\frac{6}{35}+9\frac{13}{14}$　　$2\frac{3}{20}+4\frac{4}{15}$　　$1\frac{7}{15}+2\frac{3}{10}$　　$2\frac{5}{8}+4\frac{1}{10}$　　$3\frac{5}{12}+2\frac{2}{9}$

2. $3\frac{1}{6}+2\frac{7}{30}$　　$2\frac{1}{6}+4\frac{1}{2}$　　$3\frac{5}{12}+1\frac{1}{4}$　　$1\frac{2}{5}+5\frac{3}{10}$　　$2\frac{3}{8}+3\frac{1}{2}$　　$2\frac{5}{12}+4\frac{1}{6}$

3. $1\frac{2}{9}+2\frac{1}{4}$　　$2\frac{1}{3}+1\frac{2}{5}$　　$2\frac{3}{8}+1\frac{1}{5}$　　$1\frac{1}{4}+2\frac{2}{7}$　　$5\frac{3}{5}+4\frac{1}{7}$

— 159 —

ひき算の第1のへや

$\frac{5}{6}m$ のひもから，$\frac{3}{14}m$ とった。何 m のこったろうか？

$\frac{5}{6}m - \frac{3}{14}m$

$\frac{5}{6} - \frac{3}{14}$

$= \frac{5 \times (14 \div 2)}{6 \times (14 \div 2)} - \frac{3 \times (6 \div 2)}{14 \times (6 \div 2)}$

$= \frac{35}{42} - \frac{9}{42} = \frac{26}{42}$

$= \frac{13}{21}$

$\begin{array}{r} 3 \\ 2\overline{)6} \\ 6 \\ \hline 0 \end{array}$ $\begin{array}{r} 2 \\ \overline{)14} \\ 12 \\ \hline 2 \end{array}$

答 $\frac{13}{21}$ m

ユカリ ひき算も，通分しなくちゃ，できないわ。計算のやりかたは，たし算のときとおなじじゃないかしら？ まず，6と14の最大公約数と最小公倍数を出してみると，

$(6, 14) = 2$ $[6, 14] = 42$

になるわね。

サッカー そこで，ひき算をして，あとは約分をわすれないようにして，そら，$\frac{13}{21}$ だ。

ピカット のこったひもは，$\frac{13}{21}m$ になる。

やってみよう

1. $\frac{5}{6} - \frac{3}{10}$ $\frac{5}{12} - \frac{4}{15}$ $\frac{5}{14} - \frac{3}{10}$ $\frac{3}{4} - \frac{7}{10}$ $\frac{8}{9} - \frac{7}{12}$ $\frac{17}{21} - \frac{9}{14}$

2. $\frac{1}{2} - \frac{3}{10}$ $\frac{2}{3} - \frac{1}{6}$ $\frac{13}{20} - \frac{1}{4}$ $\frac{13}{18} - \frac{5}{9}$ $\frac{5}{8} - \frac{1}{4}$ $\frac{3}{4} - \frac{1}{2}$

3. $\frac{3}{4} - \frac{1}{3}$ $\frac{4}{5} - \frac{3}{4}$ $\frac{2}{3} - \frac{3}{8}$ $\frac{6}{7} - \frac{1}{4}$ $\frac{1}{4} - \frac{1}{9}$ $\frac{1}{2} - \frac{4}{9}$

ひき算の第2のへや

ぶどう酒が $3\frac{3}{10}\ell$ ある。そのうち $1\frac{5}{6}\ell$ のんだ。のこりは何 ℓ か？

$3\frac{3}{10}\ell - 1\frac{5}{6}\ell$

$3\frac{3}{10} - 1\frac{5}{6}$

$= 3\frac{3\times 3}{10\times 3} - 1\frac{5\times 5}{6\times 5}$ 　　通 分

$= 3\frac{9}{30} - 1\frac{25}{30}$ 　　↓ くりさがり

$= 2\frac{39}{30} - 1\frac{25}{30}$ 　　↓ ひ　く

$= 1\frac{14}{30} = 1\frac{7}{15}$ 　　↓ 約　す

答　$1\frac{7}{15}\ell$

ユカリ オウムのタロウが, あんなことをいっているわ。でも, むずかしそうね。
ピカット よし, ぼくがやってみよう。
　　　　　$[10, 6] = 30$
だから, 通分すると, $3\frac{9}{30} - 1\frac{25}{30}$ で, あれ？ひけないぞ。これはくりさがりがあるんだ。ぼくがよくまちがうところだからなあ。くりさげて, $3\frac{39}{30} - 1\frac{25}{30} = 2\frac{14}{30}$ で, どうだい？
サッカー くりさげたら, $3\frac{9}{30}$ は $2\frac{39}{30}$ だよ！
ユカリ それに, 約分ができるわよ。
ピカット やっぱりだ。あわてると, まちがえちゃうね。くりさがりに気をつけて,
　　　　通分・ひく・約す
の三びょうしだね。やれやれ, ぼくにとっては, ひどい探険になっちゃったよ。

ひき算で, いちばんむずかしい問題だ！気をつけてね。

やってみよう

1. $5\frac{1}{6} - 3\frac{9}{10}$ 　　$8\frac{1}{6} - 3\frac{3}{14}$ 　　$8\frac{7}{10} - 4\frac{13}{15}$ 　　$7\frac{1}{21} - 4\frac{1}{6}$ 　　$6\frac{5}{12} - 2\frac{9}{20}$

　　$5\frac{1}{4} - 2\frac{5}{6}$ 　　$7\frac{3}{8} - 1\frac{5}{12}$ 　　$9\frac{7}{10} - 4\frac{11}{15}$ 　　$6\frac{1}{6} - 2\frac{5}{8}$ 　　$8\frac{3}{14} - 4\frac{8}{21}$

2. $7\frac{1}{5} - 3\frac{8}{15}$ 　　$4\frac{1}{6} - 1\frac{5}{18}$ 　　$9\frac{5}{14} - 5\frac{1}{2}$ 　　$7\frac{1}{24} - 3\frac{2}{3}$ 　　$8\frac{1}{3} - 4\frac{5}{9}$

　　$9\frac{5}{14} - 6\frac{5}{7}$ 　　$4\frac{1}{5} - 2\frac{5}{7}$ 　　$5\frac{1}{3} - 1\frac{3}{4}$ 　　$7\frac{2}{5} - 2\frac{3}{4}$ 　　$9\frac{2}{7} - 4\frac{2}{3}$

ひき算の第3のへや

正夫さんは，くりを $3\frac{5}{12}$ kg，一郎さんは，$1\frac{4}{15}$ kg ひろった。そのちがいは何 kg か？

$3\frac{5}{12}$ kg $-1\frac{4}{15}$ kg

$3\frac{5}{12}-1\frac{4}{15}$

$=3\frac{5\times(15\div 3)}{12\times(15\div 3)}-1\frac{4\times(12\div 3)}{15\times(12\div 3)}$

$=3\frac{25}{60}-1\frac{16}{60}=2\frac{9}{60}=2\frac{3}{20}$

答　$2\frac{3}{20}$ kg

ピカット　おい，サッカー，やってみろよ。
サッカー　ぼくが? よしやってみよう。
はじめに，通分しなくちゃと，
$$[12,\ 15]=60$$
だから，$3\frac{25}{60}-1\frac{16}{60}$ になって，これは，くりさがりがないから，らくだぞ。ひいて $2\frac{9}{60}$，約分して $2\frac{3}{20}$ だ。
ピカット　おや? サッカーにしては，ずいぶん早くできたなあ。

やってみよう

1. $4\frac{5}{6}-1\frac{8}{15}$　$5\frac{9}{10}-2\frac{5}{14}$　$6\frac{13}{14}-3\frac{2}{21}$　$2\frac{7}{12}-1\frac{8}{15}$　$6\frac{7}{8}-4\frac{5}{6}$　$5\frac{7}{9}-3\frac{11}{15}$

2. $6\frac{4}{5}-3\frac{7}{15}$　$7\frac{13}{18}-5\frac{1}{6}$　$2\frac{3}{4}-1\frac{7}{24}$　$8\frac{4}{5}-\frac{7}{20}$　$3\frac{2}{3}-1\frac{11}{18}$　$8\frac{7}{16}-3\frac{1}{4}$

3. $4\frac{3}{8}-1\frac{1}{7}$　$2\frac{5}{6}-1\frac{3}{5}$　$7\frac{3}{4}-2\frac{2}{3}$　$9\frac{5}{7}-1\frac{1}{2}$　$6\frac{4}{5}-5\frac{3}{7}$　$5\frac{1}{2}-4\frac{1}{3}$

4. $2\frac{11}{12}-\frac{13}{20}$　$7\frac{5}{6}-\frac{2}{15}$　$8\frac{7}{16}-\frac{1}{4}$　$4\frac{1}{6}-\frac{13}{15}$　$3\frac{2}{7}-\frac{5}{13}$　$4\frac{7}{12}-4\frac{2}{15}$　$7\frac{1}{6}-6\frac{8}{21}$

1. まちがいがあれば，直そう。
   ① $3\frac{2}{7}+1\frac{3}{4}=4\frac{5}{11}$

   ② $1\frac{11}{23}-\frac{1}{5}=1\frac{10}{18}=1\frac{1}{9}$

   ③ $\frac{7}{12}+2\frac{1}{3}=\frac{7}{12}+8\frac{4}{12}=8\frac{11}{12}$

   ④ $7\frac{13}{16}-1\frac{1}{4}=7\frac{13}{16}-\frac{4}{16}=7\frac{9}{16}$

2. $1\frac{5}{6}dl$ のジュースのもとを，$9\frac{13}{14}dl$ の水でうすめた。みんなで何dlか？

3. $13\frac{3}{8}a$ の畑のなかに，$3\frac{4}{5}a$ の牧草地をつくった。畑の面積はいくらになったか？

4. りんごを $4\frac{2}{3}kg$，みかんを $6\frac{3}{10}kg$ 買った。合わせて何 kg か？

5. $1\frac{5}{8}m$ のテープから，$\frac{11}{12}m$ のテープを切りとった。あと何m残っているか？

6. $2\frac{1}{4}t$ づみのトラックが，$1\frac{5}{6}t$ の荷物をつんでいる。あと何tつめるか？

7. $\frac{7}{9}l$ の消毒用の薬を $5\frac{3}{4}l$ の水でうすめた。みんなで何lになるか？

8. $21\frac{2}{5}cm^3$ のねん土から，ねん土細工に $9\frac{3}{7}cm^3$ だけ使った。残りのねん土は何cm^3か？

9. 大きいバケツに $6\frac{1}{3}l$，小さいバケツに $3l$ の水がはいっている。大きいバケツの水は小さいバケツの水より何lおおいか？

博士が「整数の性質」を教えてくれたので，助かっちゃったね。

小数と分数の関係

　まっ白い1号館の建物にむかって，ユカリたちが歩いていくと，とつぜんマクロがあらわれた。
ユカリ　あら，マクロ君！ びっくりしたわ。
マクロ　ひさしぶり。ユカリちゃん。ミクロちゃんも，ずいぶん待っていたんだ。
　マクロのうしろから，小さなミクロがなつかしそうに顔を出した。
ミクロ　こんにちわ。待ちくたびれちゃったわ。でも，みんなの顔を見たら，また元気がでてきちゃった。
ユカリ　よかった。ミクロちゃんの案内でないと，こんどの探険はできそうにないもの。
サッカー　ほんとだ。ミクロちゃん，おてやわらかにね。
ピカット　とにかく行ってみよう。
ミクロ　それじゃ，案内するわね。

ミクロ さっそくだけど，小数と分数が生まれたわけを知ってる？小数と分数は兄弟なのよ。リンゴやオハジキをかぞえるときは，1，2，3，……とかぞえればいいけど，かぞえてわかる数ではなく，長さや体積のような計ってわかる数には，かならず，はんぱが出てくるのだったわね？

ミクロ そのはんぱをかぞえるひとつの方法が，まず小数を使う方法。かんたんにいえば，もとになる大きさを10等分した小さな単位を作って，それではんぱを計っていくやり方だったわね。

ユカリ ええ，おぼえているわ。

ミクロ それでもまだはんぱが出れば，その小さな 0.1 の単位をさらに 10 等分して 0.01 にして計っていく。たとえば，ℓ を例にとれば……，

もうひとつの方法は，はんぱの量をもとにして，それを単位にして，もとの大きさがどのくらいか計る，分数のやり方だったわね。たとえば，はんぱの量が2つで 1ℓ になれば，$\frac{1}{2}\ell$，3つ分で 1ℓ なら，$\frac{1}{3}\ell$ というふうに計っていく。

ピカット 知っているさ。それでまたはんぱが出れば，まえのはんぱを，小さい方のはんぱで，また計っていくやり方だっただろう。

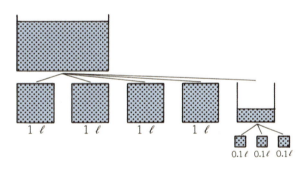
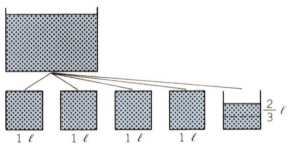

上のようなら，1ℓ が4つ分と，0.1ℓ が3つ分だから，4.3ℓ となるでしょう。そして……

ミクロ そうよ。だから，上の図のようなら，何 ℓ になるのかしら？

サッカー $4\frac{2}{3}\ell$ になるよ。

ミクロ では，分数について，ピカット君に聞くわ。分数の分母と分子は，何をあらわしているのかしら？

そういわれて，ピカットはちょっとこまった顔になった。

ピカット うん，気がついたよ。分数の分母は1を等分する数をあらわし，分子は集める個数をあらわしているんだ。

整数÷整数は分数になる

ピカットが話し終わったところに、博士が顔を出した。

博士 ピカット君、何か自信がなさそうだがそれでいいんじゃ。きょうは、分数と小数のあいだがらを探険するんだが、はじめに、下の問題をやってごらん。

2ℓの牛乳を3人でわけると、1人分は何ℓになるだろうか？

2ℓ÷3

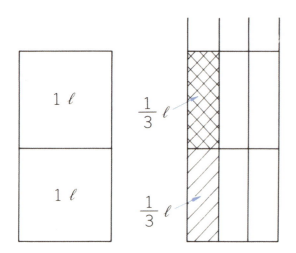

1人分は、

$\frac{1}{3}$ℓと$\frac{1}{3}$ℓで

$\frac{2}{3}$ℓだから

2ℓ÷3＝$\frac{2}{3}$ℓ

答　$\frac{2}{3}$ℓ

ユカリ 式は2ℓ÷3で、計算すると、あら0.666……で、わりきれないわ。

博士 それじゃ分数で考えてごらん。2ℓをタイルにおきかえてみたらどうかな？

サッカー ぼくがやってみよう。1ℓの3分の1は$\frac{1}{3}$ℓで、これは1ℓを3等分した1つぶんだ。牛乳は2ℓあるんだから、$\frac{1}{3}$ℓが2つぶん、$\frac{1}{3}$ℓ＋$\frac{1}{3}$ℓで、$\frac{2}{3}$ℓになるよ。これが1人分の牛乳じゃないかな？

ユカリ ほんとね。すると、2ℓ÷3＝$\frac{2}{3}$ℓになるわ。

ピカット へえ、なるほど、それじゃ、

整数÷整数＝分数

ということかな？

博士 これこれ、ピカット君、また自信のないいいかただな。いや、ピカット君のいうとおり、どんな整数÷整数も、分数になるんじゃ。ひとつためしに、

4ℓ÷3

をやってごらん。

ピカット 1ℓの3分の1は$\frac{1}{3}$ℓ。それが4あるから、$\frac{1}{3}$＋$\frac{1}{3}$＋$\frac{1}{3}$＋$\frac{1}{3}$で、$\frac{4}{3}$、帯分数にして1$\frac{1}{3}$ℓ。やっぱり分数になります。

博士 どうじゃ。整数÷整数は，分数におきかえられるね。これを文字であらわすと，
$$a \div b = \frac{a}{b}$$
となる。わられる数が分子で，わる数を分母とする分数になる。

ところが，分数にはもうひとつの意味があるんじゃ。よく見てごらん。
$$\frac{a}{b} = a \div b$$

サッカー あれ？ 式がいれかわっただけだ。

ピカット ということはね，$\frac{a}{b}$ という分数は $a \div b$ というわり算をあらわしているってことじゃないかな？

ユカリ $\frac{3}{5}$ は $3 \div 5$，なんだかあたりまえのようだけど，今まで考えてもみなかったわ。

博士 そうじゃろうな。だが，これからの探険にたいへん役に立つんじゃよ。

やってみよう

1. つぎの □ のなかに数をいれよう。
   ㋑ $3 \div 7 = \frac{\square}{\square}$　　㋺ $\frac{5}{6} = \square \div \square$
   ㋩ $\frac{1}{\square} = \square \div 7$　　㋥ $\frac{\square}{9} = 4 \div \square$

2. 次のわり算の答えを分数でいってみよう。
   ㋑ $5\ell \div 6$　　㋺ $9\ell \div 7$　　㋩ $1d\ell \div 6$
   ㋥ $8d\ell \div 3$　　㋭ $7cm \div 8$　　㋬ $4cm \div 3$
   ㋣ $6m \div 5$　　㋠ $2m \div 7$　　㋷ $4g \div 9$
   ㋺ $12g \div 5$　　㋸ $5kg \div 9$　　㋾ $13kg \div 4$
   ㋕ $6 \div 7$　　㋑ $1 \div 3$　　㋾ $10 \div 3$
   ㋔ $7 \div 2$　　㋶ $8 \div 9$　　㋝ $1 \div 13$

3. 14mのなわを3等分したい。何mずつに切ればいいだろうか？

4. 水あめが19gある。これを6人の人にわけたい。1人分何gにしたらいいか？

分数を小数に直す

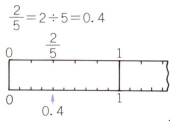

$$\frac{2}{5}=2\div 5=0.4$$

博士 わり算を分数に直すことはわかった。では、こんどは、分数を小数に直すことを考えてみよう。

ミクロ あたいが、問題を出します。$\frac{2}{5}m$ は、小数で何 m のことでしょうか?

サッカー $\frac{2}{5}$ ということは、$2\div 5$ のことだから、$5\overline{)2}$ を計算すればいいんだよ。

ピカット やさしい問題だね。計算すると、0.4。

ユカリ 分子を分母でわればいいのね。

博士 そのことを線分でたしかめると、左の図のようになるね。1を5つにわった2つということは、10等分した4つ分、すなわち、0.4になっているじゃろう。

ミクロ もう1題、問題を出しまあす。$\frac{5}{3}$ を小数に直してください。これは、どんな答えになるでしょう?

```
    1.6666666666666 …………
3 ) 5
    3
    20
    18
    20
    18
    20
    18
    20
    18
    20
    18
    20
    18
    20
    18
    20
    18
    20
    18
    20
    18
    20
    18
    20
    18
     2
```

ピカット $\frac{5}{3}$ は、$5\div 3$ だから、左のように計算すると……、わりきれないよ! いつまでたっても 1.66666…… となるよ!

ミクロ では、四捨五入で小数第2位までもとめてください。

ピカット 1.6$\overset{7}{6}\cancel{6}$ だから、1.67 だね。

博士 このように、小数になおすとどこまでいってもわりきれない分数があるのじゃ。このように、小数点以下の数が限りなくつづく小数のことを無限小数という。では、$\frac{8}{7}$ を小数に直してごらん。

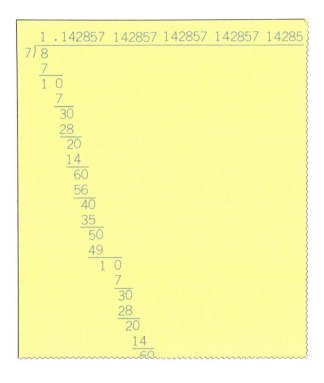

$\dfrac{8}{7} = 1.14285714\cdots\cdots = 1.\dot{1}4285\dot{7}$

$\dfrac{10}{37} = 0.270270\cdots\cdots = 0.\dot{2}7\dot{0}$

$\dfrac{5}{3} = 1.666666\cdots\cdots = 1.\dot{6}$

$\dfrac{5}{6} = 0.833333\cdots\cdots = 0.8\dot{3}$

小数 { 有限小数 / 無限小数 }

サッカー 7)8 は，1.142857……と，これもなかなかわりきれません！

博士は，おかしそうに，目を細くした。

博士 やはり，無限小数なのじゃ。でもサッカー君，がんばってもう少しわってごらん。

サッカーが，けんめいにわり算をつづけていくと，ふしぎなことに1.142857142857……と，142857がくり返して出てきはじめたんだ。

サッカー おかしいですね。何回でも，同じ数がくり返して出てきますよ！

博士 そんなに，小数第10位までわり算してくれてごくろうさん。このように，同じ数がくり返しあらわれてくる小数を，無限小数のなかでもとくに循環小数というのじゃ。そして，書くときは，循環する両はしの数字の上に，1.142857と点をうってあらわす。
$\dfrac{5}{3} = 1.66666$……のようなときは，ただ1字，1.6とすればそれでいいのじゃ。

ユカリ 同じ数がくり返しあらわれるなんて，数字のおどりみたいで，おもしろいわ。

博士 このように分数を小数に直したとき，わりきれない場合は循環小数に，わりきれる場合は有限小数になるのじゃよ。

やってみよう

1. 次の分数を小数に直し，有限小数か無限小数か，いってみよう。
    - ㋑ $\dfrac{1}{2}$
    - ㋺ $\dfrac{5}{6}$
    - ㋩ $\dfrac{2}{13}$
    - ㋥ $1\dfrac{7}{40}$
    - ㋭ $1\dfrac{7}{8}$
    - ㋬ $\dfrac{8}{11}$
    - ㋣ $\dfrac{15}{7}$
    - ㋠ $\dfrac{9}{4}$

2. 次の分数は下の線分上のだいたいどこか ↓印をつけよう。

$\dfrac{1}{2}$　$1\dfrac{1}{2}$　$\dfrac{17}{10}$　$\dfrac{5}{6}$　$\dfrac{1}{9}$　$\dfrac{22}{7}$　$2\dfrac{9}{14}$　$\dfrac{2}{3}$

小数を分数に直す

ピカット 分数を小数に直す方法はわかりましたけど、小数を分数に直すこともできるんですね?

博士 もちろんじゃよ。たとえば、0.8という小数を例にとって、どんな分数に直せばいいのか、考えてごらん。

3人は、こまった顔をした。

ミクロ あたいがヒントをあげるわ。0.1って、どんな数だった? 1を10等分した1つが、0.1じゃなかったかしら?

ピカット そうか! 0.1は $\frac{1}{10}$ のことなんだな。すると、0.8は、その8つ分だから、

$$\frac{1}{10}+\frac{1}{10}+\frac{1}{10}+\frac{1}{10}+\frac{1}{10}+\frac{1}{10}+\frac{1}{10}+\frac{1}{10}=\frac{8}{10}$$

こうなるんですね?

博士 そのとおりじゃ。0.1は $\frac{1}{10}$, 0.01は $\frac{1}{100}$, 小数を分数に直すには、$\frac{1}{10}$, $\frac{1}{100}$, …… と、10や100を分母とする分数に直すことができる。では、2.3を分数にしてごらん。

ピカット 0.1は $\frac{1}{10}$ です。2.3は、この $\frac{1}{10}$ が23あることです。ですから、$\frac{23}{10}$ になるのではないでしょうか。

博士 よくできたね! 下の図を見てごらん。2.3は、$\frac{2.3}{1.0}$ のことじゃ。そこで、分母と分子の小数点を右へひとつずらすと、$\frac{23}{10}$ になるじゃろう。

では、1.23を分数に直してごらん。

ピカット 博士、ピカッときましたよ! 下のようにも考えられませんか?

$$1.23=\frac{1}{1}+\frac{2}{10}+\frac{3}{100}$$

博士 そのとおりじゃよ、ピカット君。

ピカット ですから、かんたん、答えは $\frac{1.23}{100}$ になります。

ユカリ あら、$\frac{1.23}{100}$ なんておかしいわ。$\frac{123}{100}$ のことじゃないの?

するとピカットは、顔を赤くしながら、しきりにメガネをこすったんだ。まるでメガネのせいでまちがえたみたいに。

博士 ピカット君、$\frac{1}{1}+\frac{2}{10}+\frac{3}{100}$ という考え方は正しい。しかし、それは、

$$1.23 \longrightarrow \frac{1.23}{1.00} \longrightarrow \frac{1.23}{1.00} \longrightarrow \frac{123}{100}$$

のように、小数点以下のけた数だけ、0をつければいいことをあらわしているのじゃないかな?

ピカット はい、わかりました。

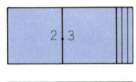

オウム 小数は分数に直せるけど，分数は有限小数になおせるとはかぎらない。だから，小数と分数のまざった計算は，小数を分数に直してから計算するんだ。

やってみよう

1. つぎの小数を分数になおそう。

　　1.3　　2.6　　3.12　　0.94　　1.283
　　10.567　　2.043　　1.009　　0.005

2. $0.3 + \dfrac{1}{6}$
$= \dfrac{3}{10} + \dfrac{1}{6}$
$= \dfrac{9}{30} + \dfrac{5}{30}$
$= \dfrac{14}{30}$
$= \dfrac{7}{15}$

$0.4 + \dfrac{2}{7}$　　$\dfrac{3}{7} - 0.1$　　$\dfrac{5}{6} + 3.4$

$0.5 + \dfrac{2}{3}$　　$\dfrac{6}{7} - 0.3$　　$\dfrac{1}{3} + 6.24$

$1.4 + \dfrac{1}{7}$　　$\dfrac{5}{9} - 0.12$　　$1\dfrac{1}{6} + 0.7$

$0.1 + \dfrac{5}{6}$　　$1.2 - \dfrac{5}{6}$　　$\dfrac{7}{32} + 0.05$

3. ぼくの家のねこは，2.7 kg ある。となりの家のねこは，$3\dfrac{4}{7}$ kg あるという。そのちがいは何 kg だろうか？

4. 山本さんの家から学校まで $1\dfrac{5}{6}$ km ある。学校から駅までは 0.8 km ある。山本さんの家から，学校を通って，駅までは，全部で何 km あるだろうか？

分数のかけ算

　2号館は，おかしな形をした建物だった。

ピカット　変な家だな。ここで分数のかけ算を探険するんだって？

サッカー　空が暗くなってきたぞ。何か怪物でも出てきそうだ。

ユカリ　ほんとね。わたし，こわくなってきちゃった。

　あら，ブラックよ！

　とつぜん，黒いすみをはきながら，ブラックがとび出してきた。

分数のかけ算とは

そこへ, 博士がやってきたんだ。

博士 おや, またブラックの難題だね。では, わしが分数のかけ算について, 話してみよう。

① 1 ha では

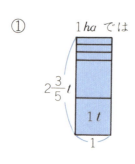

② 2 ha では

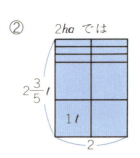

③ $2\frac{1}{3}$ ha では

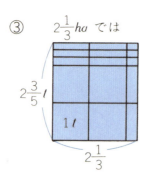

④ $2\frac{3}{5}=\frac{13}{5}$ $2\frac{1}{3}=\frac{7}{3}$ $\frac{1}{15}t$

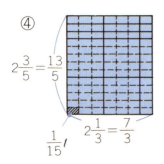

博士 1 ha あたり $2\frac{3}{5}$ t の麦がとれる畑がある。タイル1つを1 t として, $2\frac{3}{5}$ t の図をかいてくれないかな?

そう, では, 2 ha 分ではどうなる? また, このときの式は, どう書けばいいかな?

ユカリ 図は, 1 ha 分のちょうど倍になります(第2図)。式は,
$$2\frac{3}{5}t \times 2$$

博士 では, $2\frac{1}{3}$ ha ではどうなるかな?

サッカー 図は, 横にあと $\frac{1}{3}$ 分だけふえます(第3図)。式は,
$$2\frac{3}{5}t \times 2\frac{1}{3}$$

博士 そのとおりじゃ。では, $2\frac{3}{5} \times 2\frac{1}{3}$ を, 図を見ながら考えていくとしよう。まず, 帯分数から仮分数に直してくれないかな?

ピカット $\frac{13}{5} \times \frac{7}{3}$ です。

博士 では, この図をこまかく区切ってみようね(第4図)。さて, この全体がわかればいいのじゃが, こまかく区切ったこの小さなタイルは, 1 t のタイルがいくつにわけられたものじゃろう?

ユカリ 15にわけられているから, $\frac{1}{15}$ t。

ピカット あ, ピカッときました, 博士! $\frac{1}{15}$ t がぜんぶでいくつあるか, それがわかればいいんですね?

博士 そのとおりじゃ。

ピカット $\frac{1}{15}$ t のタイルが, たてに13こ, 横に7こならんでいます。だから, 13×7=91。$\frac{1}{15}$ t が91あるわけですから, $\frac{91}{15}$ t です。

— 174 —

博士 $\frac{13}{5} \times \frac{7}{3}$ が，$\frac{91}{15}$ になることがわかったわけじゃが，分母の 15 と，分子の 91 は，どんな計算でもとめられたのじゃろう？

そのとき，ユカリが大きな声をあげた。

ユカリ わかったわ！ 分母の 15 は，分母の 5×3 だし，分子の 91 は，分子の 13×7 の答えになっているわ。

$$\frac{13 \times 7}{5 \times 3} = \frac{91}{15}$$

のように計算できるのよ！

サッカー なるほど！ ユカリちゃん，すごいぞ！

博士 では，その計算の方法でいいのか，ひとつ，$3\frac{1}{6} \times 2\frac{1}{5}$ でたしかめてごらん。

サッカー はい。$3\frac{1}{6} \times 2\frac{1}{5}$ は，仮分数に直すと，$\frac{19}{6} \times \frac{11}{5}$ です。ですから，

$$3\frac{1}{6} \times 2\frac{1}{5} = \frac{19}{6} \times \frac{11}{5} = \frac{19 \times 11}{6 \times 5} = \frac{209}{30} = 6\frac{29}{30}$$

博士 よくできた。自分たちの力で，ここまでわかったのだから，気分がいいじゃろう？

サッカー ええ，サッカーの試合に勝ったときのようです。

と，サッカーは，胸をはった。

ユカリ ほら，ブラックがにげて行くわ！

ピカット いいきみだ。

🚩 やってみよう

① 次の分数のかけ算をやってみよう。

$\frac{2}{3} \times \frac{7}{5}$ $\frac{8}{5} \times \frac{12}{7}$ $\frac{7}{6} \times \frac{11}{8}$ $\frac{4}{13} \times \frac{2}{11}$

$\frac{3}{4} \times \frac{1}{5}$ $\frac{2}{3} \times \frac{2}{3}$

② まちがいがあったら，直そう。

$\frac{1}{3} \times \frac{5}{6}$	$\frac{8}{7} \times \frac{1}{5}$	$\frac{14}{9} \times \frac{7}{3}$
$= \frac{1+5}{3+6}$	$= \frac{8 \times 1}{7 \times 5}$	$= \frac{14 \times 7}{9 \times 3}$
$= \frac{6}{9}$		$= \frac{78}{27}$
$= \frac{2}{3}$	$= \frac{8}{35}$	$= 2\frac{24}{27}$

かけ算 第1のへや

1かいの木のドアの前に立つと、どこからともなく、女の人のきれいな声が聞こえてきた。

声 1m² あたり $\frac{8}{21}$ dℓ のペンキを、$\frac{14}{13}$ m² だけぬりました。使ったペンキは何 dℓ でしょう。

$\frac{8}{21}$ dℓ × $\frac{14}{13}$

$\frac{8}{21} \times \frac{14}{13} = \frac{8 \times \overset{2}{\cancel{14}}}{\underset{3}{\cancel{21}} \times 13}$

$= \frac{16}{39}$

答 $\frac{16}{39}$ dℓ

サッカー すてきな声だな。式を立てれば、ええと、$\frac{8}{21}$ dℓ × $\frac{14}{13}$ だね。あとは計算すればいいんだ。

$\frac{8}{21} \times \frac{14}{13} = \frac{8 \times 14}{21 \times 13} = \frac{112}{273}$

ミクロ あってはいるわ。でも、約分ができるんじゃない？

サッカー そうかなあ。$\frac{112}{273}$ は……、こまったな、約分がむずかしいなあ。

ミクロ そうでしょう？ そこで、いいこと教えてあげる。左の計算のように、約分を先にしてしまうのよ。すると、左の分母の21と右の分子の14との最大公約数は7だから、21は3に、14は2に約せるわね！

サッカー なるほど、計算の途中で約分できるかどうか、調べることが大切なんだな。

ミクロ 計算のまちがいは、約分のまちがいか、約分をわすれたものが多いの。

気をつけてね。

やってみよう

約分1組のもの

$\frac{6}{5} \times \frac{3}{8} = \frac{\overset{}{\cancel{6}} \times 3}{5 \times \underset{4}{\cancel{8}}} = \frac{9}{20}$

$\frac{2}{9} \times \frac{12}{7} = \frac{2 \times \overset{4}{\cancel{12}}}{\underset{3}{\cancel{9}} \times 7} = \frac{8}{21}$

$\frac{7}{8} \times \frac{14}{3}$ $\frac{9}{2} \times \frac{11}{6}$ $\frac{8}{5} \times \frac{7}{20}$ $\frac{4}{9} \times \frac{12}{7}$ $\frac{3}{14} \times \frac{38}{31}$ $\frac{15}{17} \times \frac{3}{10}$

$\frac{8}{3} \times \frac{11}{4}$ $\frac{3}{7} \times \frac{14}{19}$ $\frac{5}{9} \times \frac{2}{15}$ $\frac{7}{18} \times \frac{8}{9}$ $\frac{15}{11} \times \frac{2}{15}$ $\frac{9}{4} \times \frac{4}{13}$

かけ算 第2のへや

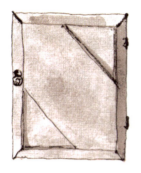

第2のドアの前に立つと，男の人の大きな声がひびいた。

声 いいかね？ 1a あたり $\frac{14}{3}$ kg の肥料を，$\frac{9}{7}$ a の土地にまきたいのだが，肥料は何 kg 必要か？

$\frac{14}{3}$ kg × $\frac{9}{7}$

$$\frac{14}{3} \times \frac{9}{7} = \frac{\overset{2}{\cancel{14}} \times \overset{3}{\cancel{9}}}{\underset{1}{\cancel{3}} \times \underset{1}{\cancel{7}}}$$

$= \frac{6}{1} = 6$

答 6 kg

ピカット こわい声だな。でも，ぼくにまかせといて！ 式は，$\frac{14}{3}$ kg × $\frac{9}{7}$ だね。約分に気をつけながら，さあ，計算。

$$\frac{14}{3} \times \frac{9}{7} = \frac{\overset{2}{\cancel{14}} \times 9}{3 \times \underset{1}{\cancel{7}}} = \frac{18}{3} = \frac{6}{1}$$

あれ，$\frac{6}{1}$ なんて，へんな分数だな。そうか，これは，整数の6のことだ。だから，答えは 6 kg さ。

ミクロ 答えはあっているわ。でもピカット君，ざんねんだけど，計算の途中で，もう1組約分があるのを忘れてしまったわね。左の正しい計算とくらべてごらんなさい。

ピカット そうか，うっかりしちゃった。3と9も約分できたとはね。

ピカットは，へいきな顔をしてメガネをふきはじめた。

ミクロ 約分にはくれぐれも注意してね。

約分が2組あるときが，いちばんまちがいやすいんだ。おちついて探険しよう。

やってみよう

約分2組のもの

$$\frac{4}{9} \times \frac{15}{8} = \frac{\overset{1}{\cancel{4}} \times \overset{5}{\cancel{15}}}{\underset{3}{\cancel{9}} \times \underset{2}{\cancel{8}}} = \frac{5}{6}$$

$$\frac{8}{3} \times \frac{9}{4} = \frac{\overset{2}{\cancel{8}} \times \overset{3}{\cancel{9}}}{\underset{1}{\cancel{3}} \times \underset{1}{\cancel{4}}} = 6$$

$\frac{10}{9} \times \frac{15}{4}$ $\frac{2}{9} \times \frac{3}{4}$ $\frac{7}{18} \times \frac{12}{35}$ $\frac{9}{14} \times \frac{35}{6}$ $\frac{16}{11} \times \frac{33}{20}$ $\frac{9}{7} \times \frac{35}{6}$

$\frac{7}{8} \times \frac{8}{21}$ $\frac{25}{36} \times \frac{9}{5}$ $\frac{21}{4} \times \frac{16}{7}$ $\frac{14}{3} \times \frac{9}{7}$ $\frac{21}{8} \times \frac{40}{3}$ $\frac{1}{15} \times \frac{15}{1}$

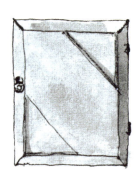

かけ算 第3のへや

　第3のドアからは、とてもほがらかな少年の声がした。

声 ようこそ、探検隊のみなさん。1mあたり、$\frac{3}{5}$gの重さの針金は、4mで何gかな?

$\frac{3}{5}$g×4

$\frac{3}{5}×4$
$=\frac{3}{5}×\frac{4}{1}$
$=\frac{3×4}{5×1}$
$=\frac{12}{5}=2\frac{2}{5}$

→ $\frac{3}{5}×4$
$=\frac{3×4}{5}$
$=\frac{12}{5}$
$=2\frac{2}{5}$

答 $2\frac{2}{5}$g

ユカリ $\frac{3}{5}×4$の4を、分数に直して計算すればいいのね。4は、$\frac{8}{2}$や、$\frac{12}{3}$や、$\frac{16}{4}$になるけれど、やっぱり、いちばん約されている$\frac{4}{1}$と考えたほうがいいにきまっているわ。

$\frac{3}{5}×4=\frac{3}{5}×\frac{4}{1}×\frac{3×4}{5×1}=\frac{12}{5}=2\frac{2}{5}$

これでいいのかしら?

ミクロ よくできたわ。でも、4が$\frac{4}{1}$だということがわかっていれば、左の計算のように、4をそのまま分子にかけてもいいでしょう? そのほうが計算も早くできるわ。

ユカリ ほんとね。これからそうするわ。

分数×整数、整数×分数にも約分があるから、気をつけて。

やってみよう

分数×整数・整数×分数

$\frac{5}{8}×7=\frac{5×7}{8×1}=\frac{35}{8}$

$6×\frac{2}{9}=\frac{\overset{2}{\cancel{6}}×2}{1×\cancel{9}}=\frac{4}{3}$
$\phantom{6×\frac{2}{9}=}3$

$\frac{8}{9}×4$　　$\frac{11}{12}×8$　　$\frac{7}{18}×9$　　$\frac{8}{9}×45$　　$4×\frac{4}{7}$

$4×\frac{11}{32}$　　$3×\frac{2}{15}$　　$16×\frac{5}{4}$　　$9×\frac{1}{35}$

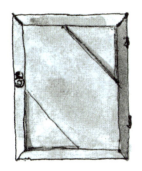

かけ算 第4のへや

ドアの前に立つと、はじめの女の人のやさしい声がした。

声 よくここまでできましたね。いよいよ、さいごの問題です。$4\frac{1}{3} \times 2\frac{1}{4}$ を計算してください。

$4\frac{1}{3} \times 2\frac{1}{4}$

$= \frac{13}{3} \times \frac{9}{4} = \frac{13 \times \overset{3}{\cancel{9}}}{\underset{1}{\cancel{3}} \times 4}$

$= \frac{39}{4} = 9\frac{3}{4}$

答 $9\frac{3}{4}$

サッカー あれ？さいしょの女の人の声だぞ。よし、やってみるよ。$4\frac{1}{3} \times 2\frac{1}{4}$ は、まず整数どうしをかけて、$4 \times 2 + \frac{1 \times 1}{3 \times 4}$ だから、$8\frac{1}{12}$ じゃないか？

ピカット おかしいよ、サッカー、帯分数ははじめに仮分数に直さなくてはいけないんじゃないか。そうじゃないと、答えがちがってしまうよ。

ミクロ サッカー君、そのとおりよ。左の計算を見てちょうだい。

サッカー そうか、大失敗しちゃったね。

ミクロ 帯分数のかけ算は、まず仮分数に直して、答えが仮分数のときは、帯分数に直すのよ。だから、直す→約す→かける→直すの4びょうし。おぼえていてね！

帯分数のかけ算では、直す→約す→かける→直すの4びょうしを忘れないで！

やってみよう

帯分数型

$4\frac{1}{2} \times 1\frac{2}{3} = \frac{9}{2} \times \frac{5}{3}$ ← 直す

$= \frac{\overset{3}{\cancel{9}} \times 5}{2 \times \underset{1}{\cancel{3}}} = \frac{15}{2} = 7\frac{1}{2}$

約す → かける → 直す

$2\frac{1}{3} \times 7\frac{1}{4}$ $2\frac{1}{6} \times 3\frac{5}{8}$ $2\frac{1}{4} \times 3\frac{1}{2}$ $1\frac{2}{9} \times 1\frac{2}{5}$ $2\frac{3}{11} \times 2\frac{2}{3}$

$3\frac{2}{3} \times 3\frac{3}{5}$ $4\frac{2}{7} \times 4\frac{1}{3}$ $5\frac{1}{2} \times 4\frac{2}{3}$ $7\frac{1}{3} \times 1\frac{9}{11}$ $8\frac{1}{6} \times 1\frac{6}{7}$

$1\frac{7}{8} \times 1\frac{1}{5}$ $1\frac{5}{9} \times 2\frac{1}{4}$

やってみよう

1. 計算しよう。

① $2\frac{1}{10} \times 2\frac{6}{7}$　　$2\frac{4}{7} \times 1\frac{5}{9}$　　$6\frac{2}{9} \times 5\frac{5}{8}$

② $4\frac{1}{2} \times \frac{3}{7}$　　$\frac{4}{5} \times 1\frac{7}{6}$　　$4\frac{2}{3} \times \frac{3}{5}$

③ $2\frac{2}{3} \times \frac{5}{16}$　　$2\frac{6}{7} \times \frac{1}{30}$　　$\frac{1}{4} \times 3\frac{5}{8}$

④ $3\frac{1}{5} \times \frac{5}{8}$　　$5\frac{1}{3} \times \frac{3}{4}$　　$\frac{5}{9} \times 5\frac{2}{5}$

⑤ $1\frac{2}{3} \times 5$　　$1\frac{5}{9} \times 6$　　$8 \times 1\frac{5}{6}$　　$12 \times 1\frac{1}{10}$

⑥ $\frac{2}{3} \times 5$　　$\frac{2}{7} \times 6$　　$2 \times \frac{4}{5}$　　$5 \times \frac{3}{4}$

⑦ $\frac{2}{7} \times 7$　　$\frac{3}{8} \times 8$　　$\frac{5}{6} \times 6$　　$\frac{1}{4} \times 4$

2. $1 m^2$ のへいをぬるのに $1\frac{1}{2} dl$ のペンキを使う。$10\frac{2}{3} m^2$ のへいをぬるには，何 dl のペンキを使うか？
　また $3\frac{1}{4} m^2$，$\frac{3}{8} m^2$，$5 m^2$ のへいをぬるには，それぞれ何 dl 使うだろう？

3. たて $2\frac{1}{3} m$，横 $3\frac{2}{7} m$ の長方形の面積をもとめよう。

4. $1 m$ 320円の布 $5\frac{3}{4} m$ ではいくらか？

5. 底面積が $25\frac{1}{2} cm^2$，高さ $10 cm$ の入れ物に，深さ $4\frac{2}{3} cm$ のところまで水がはいっている。水の体積は，何 cm^3 か？

分数のわり算

　2階への階段をのぼりながら、ユカリがいった。

ユカリ　こんどは、分数のわり算ね？

ミクロ　そう。楽しい探険よ。

サッカー　でも、分数のわり算って、どんなふうにやるのかなあ。$\frac{2}{6}\div\frac{1}{3}$みたいにやるんだろうか？

ミクロ　ごくかんたん。ちょっとおもしろい方法を使うのよ。

ピカット　未知のものには、興味をひかれるね。

　なまいきなことをピカットがいった、そのとき……

分数のわり算とは

① 2 m² にぬるとき

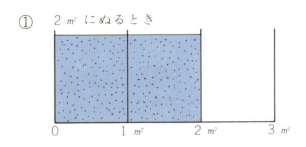

② 3 m² にぬるとき

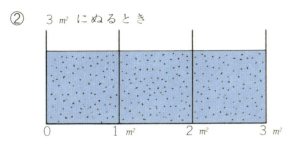

③ $3\frac{1}{4}$ m² にぬるとき

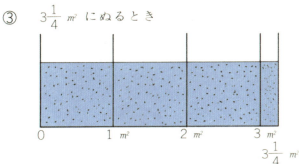

④

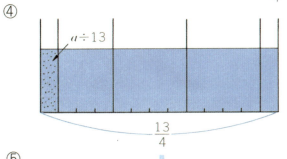

⑤

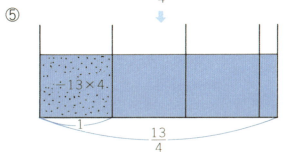

ミクロ 左の第1図をよく見て。$a\,d\ell$ のペンキを使って，2 m² のへいをぬりました。1 m² あたりのペンキの量は，何 $d\ell$ になるか，その式をつくってちょうだい。

ピカット $a\,d\ell \div 2\,m²$ だよ。

ミクロ では，第2図のように，3 m² ぬったときはどう？

サッカー $a\,d\ell \div 3\,m²$ という式がたつ。

ミクロ そう。では，第3図を見て。この図は，$a\,d\ell$ のペンキを $3\frac{1}{4}\,m²$ にぬったところなの。このときの 1 m² あたりの量は？

ユカリ $a\,d\ell \div 3\frac{1}{4}\,m²$ よ。

ミクロ みんな，うまいわ。では，$a \div 3\frac{1}{4}$ というわり算を考えていきましょうね。$3\frac{1}{4}$ は帯分数だから，はじめにどうしなくてはいけないかしら？

ピカット 仮分数に直すんだ。$3\frac{1}{4} = \frac{13}{4}$

ミクロ $\frac{13}{4}$ は，$\frac{1}{4}$ が 13 集まったものね。だから，第4図のように，ぜんぶを 13 にわける目もりをうつわよ。

そこで，1 m² あたりをもとめるには，$\frac{1}{4}$ m² 分のペンキの量が，まずわからなくてはならないわ。$\frac{1}{4}$ m² 分のペンキの量は，何 $d\ell$ かしら？

ユカリ ぜんたいが $a\,d\ell$ なのだから，それを 13 でわったひとつ，$a\,d\ell \div 13$ がそうよ。

ミクロ $\frac{1}{4}$ m² 分は，$a\,d\ell \div 13$。そうすると，1 m² 分はどうなるの？

ピカット かんたんさ。$a\,d\ell \div 13$ を 4 倍してやればいいんだよ。$a \div 13 \times 4$ となる。

ミクロ そう，それが 1 m² あたりのペンキの量ね。そこで……。

ミクロ いままでのことを整理してみると、$1m^2$分のペンキをもとめる式は、$a \div 3\frac{1}{4}$ ね。仮分数に直すと、$a \div \frac{13}{4}$
ところが、みんなで図で考えた$1m^2$分というのは、$a \div 13 \times 4$。おなじ$1m^2$分だから、これを式にまとめてみると、

$$a \div 3\frac{1}{4} = a \div \frac{13}{4}$$
$$= a \div 13 \times 4$$
$$= \frac{a}{13} \times 4$$
$$= \frac{a \times 4}{13}$$
$$= a \times \frac{4}{13}$$

と、いうことになる。いかが？

ピカット ほんとかなあ。わる数の分子と分母をさかさまにして、かけ算をすればいいってことなの？

ミクロ そうよ。

サッカー へえ、おもしろいじゃないか。ほんとかどうか、ためしてみようよ。わる数を$2\frac{1}{2}$にして、まず水そうで考えてみると、

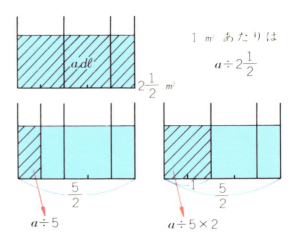

これを式にすると、
$$a \div 2\frac{1}{2} = a \div \frac{5}{2} = a \div 5 \times 2 = \frac{a}{5} \times 2 = \frac{a \times 2}{5}$$
$$= a \times \frac{2}{5}$$

できた！ たしかに、分子と分母がいれかわって、かけ算になるんだ。

やってみよう

$\frac{2}{3} \div \frac{5}{7}$	$\frac{5}{7} \div \frac{3}{4}$	$\frac{7}{4} \div \frac{9}{5}$	$\frac{3}{7} \div \frac{5}{6}$	$\frac{8}{5} \div \frac{9}{7}$
$= \frac{2}{3} \times \frac{7}{5}$	$\frac{4}{7} \div \frac{5}{9}$	$\frac{2}{9} \div \frac{7}{5}$	$\frac{4}{7} \div \frac{3}{5}$	$\frac{3}{8} \div \frac{2}{5}$
$= \frac{2 \times 7}{3 \times 5}$	$\frac{2}{13} \div \frac{15}{7}$	$\frac{5}{4} \div \frac{9}{11}$	$\frac{1}{3} \div \frac{1}{2}$	$\frac{1}{4} \div \frac{1}{9}$
$= \frac{14}{15}$	$\frac{1}{11} \div \frac{11}{2}$	$\frac{2}{13} \div \frac{5}{12}$	$\frac{4}{21} \div \frac{1}{5}$	$\frac{3}{8} \div \frac{2}{3}$

わり算 第1のへや

探険隊が2階にあがると、いちばんめのドアに、問題が書いてあった。

$\frac{6}{11} m^2$ のかべをぬりなおしたら、ペンキを $\frac{3}{7} dl$ 使った。1m^2 あたりだと、ペンキは何 dl 必要か？

$\frac{3}{7} dl \div \frac{6}{11}$

$\frac{3}{7} \div \frac{6}{11} = \boxed{\frac{3}{7} \times \frac{11}{6}}$ ひっくりかえす

$= \frac{\overset{1}{\cancel{3}} \times 11}{7 \times \underset{2}{\cancel{6}}}$ 約分する

かける

$= \frac{11}{14}$

答 $\frac{11}{14} dl$

ピカット わる数が1より小さいから、答えは、わられる数より大きくなりそうだね。

サッカー そういえば、小数のわり算でやったぞ。ひどいめにあったから、知ってるよ。

ユカリ じゃ、計算するわよ。$\frac{3}{7} \div \frac{6}{11}$ は、わる数の分子と分母をいれかえて、かけ算にすると、$\frac{3}{7} \times \frac{11}{6}$ これを計算して、$\frac{3 \times 11}{7 \times 6} = \frac{33}{42}$

ピカット あれ？ユカリちゃん。約分は？

ユカリ えっ？あら、ほんとだわ。ごめんなさい。3と6を約分して、$\frac{1 \times 11}{7 \times 2} = \frac{11}{14}$ ね。

サッカー おたがいさま。こんどから気をつけようよ。

ミクロ 分数のわり算は、

　ひっくりかえす ➡ 約分する ➡ かける

という3びょうしでやれば、約分を忘れないわよ。

分数のわり算はかけ算に直してから計算しよう。

やってみよう

約分1組のもの

$\frac{18}{11} \div \frac{12}{5} = \frac{\overset{3}{\cancel{18}} \times 5}{11 \times \underset{2}{\cancel{12}}} = \frac{15}{22}$

$\frac{1}{3} \div \frac{7}{15} = \frac{1 \times \overset{5}{\cancel{15}}}{\underset{1}{\cancel{3}} \times 7} = \frac{5}{7}$

$\frac{8}{11} \div \frac{2}{5}$　　$\frac{4}{3} \div \frac{6}{5}$　　$\frac{9}{13} \div \frac{36}{7}$　　$\frac{18}{5} \div \frac{6}{7}$

$\frac{7}{3} \div \frac{21}{2}$　　$\frac{8}{5} \div \frac{18}{7}$　　$\frac{1}{4} \div \frac{21}{16}$　　$\frac{28}{5} \div \frac{32}{9}$

$\frac{9}{2} \div \frac{54}{7}$　　$\frac{5}{24} \div \frac{11}{6}$　　$\frac{49}{13} \div \frac{35}{11}$　　$\frac{2}{9} \div \frac{6}{5}$

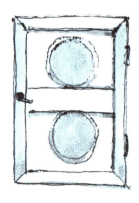

わり算 第2のへや

第2のへやに通じるドアには，同じように問題を書いたふだが，さがっていた。

$\frac{21}{4}m^2$ のかべにペンキぬりをした。使ったペンキの量は $\frac{7}{8}dℓ$ だった。$1m^2$ あたり何 $dℓ$ 使ったか？

$\frac{7}{8}dℓ \div \frac{21}{4}$

$\frac{7}{8} \div \frac{21}{4} = \frac{7}{8} \times \frac{4}{21}$

$= \frac{\overset{1}{\cancel{7}} \times \overset{1}{\cancel{4}}}{\underset{2}{\cancel{8}} \times \underset{3}{\cancel{21}}}$

$= \frac{1}{6}$

ひっくりかえす
⇩
約分する
⇩
かける

答　$\frac{1}{6} dℓ$

サッカー　第1のへやのと，同じような問題だね。それじゃ，ぼくがやってみよう。水そうで考えてみると，

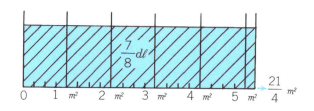

だから，$\frac{7}{8} dℓ \div \frac{21}{4}$ という式になる。わる数をひっくりかえして，約分は，あれ？約分が2組あるぞ。気をつけなくちゃ。

ミクロ　どうやら，約分を忘れないようになったわね。さあ，おへやに入って，約分2組の探険をしましょう。
答えが，整数になるのもあるわよ。

> いつでも約分に気をつけて探険するんだよ。

やってみよう

約分2組のもの

$\frac{9}{22} \div \frac{6}{11} = \frac{\overset{3}{\cancel{9}} \times \overset{1}{\cancel{11}}}{\underset{2}{\cancel{22}} \times \underset{2}{\cancel{6}}} = \frac{3}{4}$

$\frac{20}{3} \div \frac{5}{6} = \frac{\overset{4}{\cancel{20}} \times \overset{2}{\cancel{6}}}{\underset{1}{\cancel{3}} \times \underset{1}{\cancel{5}}} = \frac{8}{1} = 8$

$\frac{8}{9} \div \frac{4}{15}$	$\frac{5}{2} \div \frac{15}{8}$	$\frac{2}{7} \div \frac{10}{21}$	$\frac{7}{24} \div \frac{21}{16}$	$\frac{28}{15} \div \frac{49}{12}$
$\frac{18}{35} \div \frac{6}{5}$	$\frac{9}{4} \div \frac{27}{20}$	$\frac{9}{64} \div \frac{9}{56}$	$\frac{6}{35} \div \frac{16}{25}$	$\frac{8}{3} \div \frac{16}{15}$
$\frac{25}{7} \div \frac{5}{14}$	$\frac{35}{6} \div \frac{7}{12}$	$\frac{9}{4} \div \frac{3}{16}$	$\frac{3}{4} \div \frac{3}{4}$	$\frac{18}{7} \div \frac{27}{14}$

わり算 第3のへや

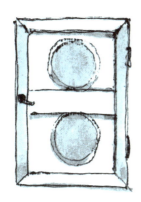

探険隊は，第3のへやのドアの前にきた。ドアにはまた，問題が書いてあった。

次の2つのわり算を，計算すること。

$$\frac{3}{4} \div 5 \qquad 6 \div \frac{9}{5}$$

$$\begin{aligned}\frac{3}{4} \div 5 &= \frac{3}{4} \div \frac{5}{1} \\ &= \frac{3}{4} \times \frac{1}{5} \\ &= \frac{3 \times 1}{4 \times 5} \\ &= \frac{3}{20}\end{aligned}$$

⇒
$$\begin{aligned}\frac{3}{4} &\div 5 \\ &= \frac{3}{4 \times 5} \\ &= \frac{3}{20}\end{aligned}$$

ピカット おや？分数÷整数と，整数÷分数だ。やっぱり，かけ算に直して計算するのかな？はじめの問題は，わる数が整数だから，ひっくりかえらないぞ。

ユカリ 思い出したわ！整数の5は，$\frac{5}{1}$ と同じじゃない？だから，$\frac{3}{4} \div \frac{5}{1}$ になるわ。

ピカット そう，そう，それだ。ユカリちゃん，たすかったよ。整数は，1を分母とする分数に直せるんだ。

$$\begin{aligned}6 \div \frac{9}{5} &= \frac{6}{1} \div \frac{9}{5} \\ &= \frac{6}{1} \times \frac{5}{9} \\ &= \frac{6 \times 5}{1 \times 9} \\ &= \frac{10}{3} = 3\frac{1}{3}\end{aligned}$$

⇒
$$\begin{aligned}6 &\div \frac{9}{5} \\ &= 6 \times \frac{5}{9} \\ &= \frac{6 \times 5}{9} \\ &= \frac{10}{3} = 3\frac{1}{3}\end{aligned}$$

サッカー じゃ，整数÷分数も同じように考えていいんだ。

ピカット うん，そのほうがわかりやすいよ。

サッカー $\frac{6 \times 5}{1 \times 9}$ か。おや，約分があるぞ。

ユカリ 気をつけてね。

サッカー だいじょうぶさ。

さて，へやのなかを探険しようよ。

整数÷整数は，分数÷分数の形になる。下を見てごらん。おもしろいよ。

$$\begin{aligned}2 \div 3 &= \frac{2}{1} \div \frac{3}{1} \\ &= \frac{2}{1} \times \frac{1}{3} \\ &= \frac{2 \times 1}{1 \times 3} \\ &= \frac{2}{3}\end{aligned}$$

⇒
$$\begin{aligned}2 &\div 3 \\ &= \frac{2}{3}\end{aligned}$$

やってみよう

$\frac{5}{12} \div 7 \quad \frac{6}{7} \div 8 \quad \frac{8}{3} \div 6 \quad \frac{10}{9} \div 5 \quad \frac{2}{7} \div 1$

$4 \div \frac{3}{5} \quad 9 \div \frac{6}{5} \quad 12 \div \frac{9}{4} \quad 21 \div \frac{7}{3} \quad 1 \div \frac{7}{8}$

$3 \div 6 \quad 4 \div 5 \quad 6 \div 3 \quad 5 \div 9 \quad 8 \div 1 \quad 1 \div 1$

わり算 第4のへや

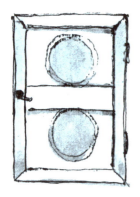

第4のへやのドアには，またペンキの問題が書かれてあった。こんどは，帯分数のわり算だった。
$1\frac{3}{4}$ m² のかべをぬるのに，$2\frac{2}{3}$ dℓ のペンキを使った。1 m² あたり何 dℓ のペンキを使ったか？

$2\frac{2}{3}$ dℓ ÷ $1\frac{3}{4}$

$2\frac{2}{3} ÷ 1\frac{3}{4} = \frac{8}{3} ÷ \frac{7}{4}$ 直す

$= \frac{8}{3} × \frac{4}{7}$ ひっくりかえす

$= \frac{8 × 4}{3 × 7}$ 約分はあるか？

$= \frac{32}{21}$ かける

$= 1\frac{11}{21}$ 直す

答 $1\frac{11}{21}$ dℓ

ユカリ あら，またペンキの問題だわ。でもこんどは，帯分数のわり算ね。かけ算のとき，仮分数に直したのだけど，わり算も同じなはずよ。だから，$\frac{8}{3} ÷ \frac{7}{4}$ になるわね。あとは，ひっくりかえして，約分に気をつけて，かけ算する。$\frac{8×4}{3×7} = \frac{32}{21}$ で，どうかしら？

ピカット 答えは帯分数に直せるよ。$1\frac{11}{21}$ だ。

サッカー でも，さいきんのユカリちゃんは，ずいぶんがんばってるね。ブラックが出てきても，だいじょうぶみたいだ。

ユカリ いやだ，へんなほめかたはしないで。やっぱり，ブラックはこわいわ。

> 帯分数のわり算は，
> ①帯分数を仮分数に直して計算する。
> ②答えが仮分数だったら，帯分数に直す。
> ということが，たいせつだよ。

$4\frac{4}{5} ÷ 2\frac{2}{15} = \frac{24}{5} ÷ \frac{32}{15}$ 直す

$= \frac{\overset{3}{\cancel{24}} × \overset{3}{\cancel{15}}}{\underset{1}{\cancel{5}} × \underset{4}{\cancel{32}}}$ ひっくりかえす 約す

$= \frac{9}{4}$ かける

$= 2\frac{1}{4}$ 直す

やってみよう

$3\frac{7}{8} ÷ 2\frac{3}{5}$　　$1\frac{4}{5} ÷ 1\frac{4}{9}$　　$1\frac{1}{7} ÷ 3\frac{1}{4}$

$9\frac{1}{4} ÷ 2\frac{2}{5}$　　$2\frac{1}{2} ÷ 2\frac{1}{9}$　　$6\frac{2}{5} ÷ 1\frac{3}{10}$

$2\frac{1}{4} ÷ 1\frac{1}{2}$　　$3\frac{5}{9} ÷ 2\frac{2}{3}$　　$3\frac{3}{7} ÷ 3\frac{1}{5}$

$1\frac{2}{9} ÷ 1\frac{5}{12}$　　$4\frac{1}{6} ÷ 1\frac{1}{9}$　　$1\frac{6}{7} ÷ 3\frac{5}{7}$

やってみよう

1. $2\dfrac{1}{2} \div 2\dfrac{5}{7} = \dfrac{5}{2} \div \dfrac{19}{7} = \dfrac{5 \times 7}{2 \times 19} = \dfrac{35}{38}$

   $6\dfrac{3}{4} \div 1\dfrac{1}{8} = \dfrac{27}{4} \div \dfrac{9}{8} = \dfrac{27 \times 8}{4 \times 9} = 6$

   $4\dfrac{1}{3} \div 5\dfrac{3}{4}$ $2\dfrac{2}{3} \div 4\dfrac{4}{5}$ $1\dfrac{11}{15} \div 2\dfrac{1}{6}$

   $6\dfrac{5}{7} \div 3\dfrac{2}{7}$ $6\dfrac{4}{7} \div 3\dfrac{1}{7}$ $25\dfrac{1}{3} \div 4\dfrac{2}{9}$

2. $3\dfrac{1}{4} \div \dfrac{2}{3} = \dfrac{13}{4} \div \dfrac{2}{3} = \dfrac{13 \times 3}{4 \times 2} = \dfrac{39}{8} = 4\dfrac{7}{8}$

   $3\dfrac{3}{4} \div \dfrac{5}{8} = \dfrac{15}{4} \div \dfrac{5}{8} = \dfrac{15 \times 8}{4 \times 5} = 6$

   $2\dfrac{2}{7} \div \dfrac{4}{5}$ $2\dfrac{4}{5} \div \dfrac{2}{3}$ $1\dfrac{1}{2} \div \dfrac{3}{5}$

   $2\dfrac{1}{2} \div \dfrac{5}{6}$ $1\dfrac{1}{2} \div \dfrac{1}{4}$ $4\dfrac{1}{6} \div \dfrac{5}{12}$

3. $2\dfrac{1}{3} \div 2 = \dfrac{7}{3} \div \dfrac{2}{1} = \dfrac{7 \times 1}{3 \times 2} = \dfrac{7}{6} = 1\dfrac{1}{6}$

   $12 \div 4\dfrac{4}{5} = \dfrac{12}{1} \div \dfrac{24}{5} = \dfrac{12 \times 5}{1 \times 24} = \dfrac{5}{2} = 2\dfrac{1}{2}$

   $5\dfrac{2}{3} \div 5$ $2\dfrac{3}{4} \div 5$ $3\dfrac{1}{2} \div 6$ $\dfrac{5}{6} \div \dfrac{1}{5}$

   $\dfrac{7}{18} \div \dfrac{1}{2}$ $\dfrac{3}{7} \div \dfrac{9}{14}$ $\dfrac{3}{7} \div \dfrac{3}{14}$ $\dfrac{10}{13} \div \dfrac{5}{13}$

   $8 \div 10\dfrac{2}{3}$ $14 \div 1\dfrac{5}{9}$ $9 \div \dfrac{6}{13}$ $7 \div \dfrac{21}{23}$

4. $3\dfrac{2}{7} m^2$ のへいをぬるのに，$6\dfrac{5}{7} dl$ のペンキを使った。$1 m^2$ のへいをぬるには，何 dl のペンキを使ったことになるか？

逆数の話

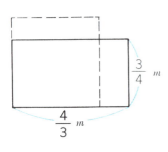

$1 \div \dfrac{3}{4} = \dfrac{4}{3}$

博士　もう，分数のわり算の探険を終わってしまったようじゃね。ミクロちゃんの説明もなかなかだったが，みんなも，よくがんばったね。

サッカー　だって，いろんなことがわかってくると，ついおもしろくなって，ひとりでにどんどん進んでしまうんです。

博士　サッカー君も，算数のおもしろさがわかってきたようじゃね。ところで，ちょっと，質問してみるよ。1辺が1mの正方形の面積は，いくらじゃろう？

ユカリ　1m×1mですから，1m²です。

博士　そう。そこで，1m²の面積をかえないで，たてを $\dfrac{3}{4}$ m にすると，横の長さはどうなるかな？

ピカット　1m²÷$\dfrac{3}{4}$m ですから，$\dfrac{1 \times 4}{1 \times 3} = \dfrac{4}{3}$ となって，横の長さは $\dfrac{4}{3}$ m です。

博士　このように，1をある数でわった答えをその数の逆数というのじゃ。$\dfrac{3}{4}$ の逆数は，$\dfrac{4}{3}$ じゃ。では，逆数は，前の形から見て，どんなふうに変わっているじゃろう？

サッカー　分母と分子が入れかわっています。

博士　では，整数の3の逆数は？

サッカー　3は，$\dfrac{3}{1}$ のことですから，$\dfrac{1}{3}$ です。

博士　そのとおりじゃ。では，2.7の逆数は？

サッカー　あれ？博士，それはひどい。とつぜん小数をだすなんて。でも，いまのようにすると，$\dfrac{1}{2.7}$ になるけどなあ。

ピカット　そうだ！サッカー，小数を分数にする方法があるよ。

$2.7 = \dfrac{2.7}{1.0} = \dfrac{27}{10}$ ➡ 逆数は $\dfrac{10}{27}$

サッカー　そうか。なるほどなあ。小数を分数にして，1をわるといいんだね。すると，分数のわり算は，わる数の逆数をかけていることになるんだ。

やってみよう

つぎの数の，それぞれの逆数を書こう。

$\dfrac{3}{8}$　　$\dfrac{7}{3}$　　$\dfrac{10}{9}$　　$\dfrac{21}{23}$　　$\dfrac{1}{14}$　　$\dfrac{1}{6}$　　5　　3　　1　　2.3　　6.1　　5.7　　0.3　　0.7

2.31　　0.01　　0.09

$10\ell \div 2\frac{1}{2}$ と $10\ell \div 2\frac{1}{2}\ell$ とは同じ計算か？

おかしな質問のようだけど探険してごらん。
下の文章題をとくのにべんりだよ。

$10\ell \div 2\frac{1}{2}$
10ℓ の水を $2\frac{1}{2}m^2$ の花だんにまくと，$1m^2$ あたり何 ℓ の水をまくことになるか？

$10\ell \div 2\frac{1}{2}\ell$
10ℓ の水を $1m^2$ あたり $2\frac{1}{2}\ell$ ずつまくと，何 m^2 の広さに水がまけるか？

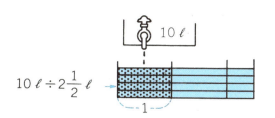

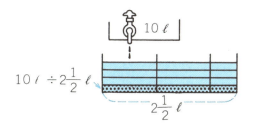

10ℓ の水を $2\frac{1}{2}m^2$ にまくと，$1m^2$ あたり何 ℓ の水をまくことになるか？

① この問題は「10ℓ の水を $1m^2$ あたり 1ℓ ずつ $2\frac{1}{2}m^2$ にまくと何回まけるか」という問題の答えと同じである。

② ①の答えは「10ℓ の水から $2\frac{1}{2}\ell$ の水が何回とれるか」という問題の答えと同じである。

③ ②の答えは「10ℓ の水を $1m^2$ あたり $2\frac{1}{2}\ell$ ずつまくと何 m^2 の広さにまけるか」という問題の答えと同じである。だから，$10\ell \div 2\frac{1}{2}$ と $10\ell \div 2\frac{1}{2}\ell$ とは，同じ計算でできる。

$10\ell \div 2\frac{1}{2}\ell$

$10 \div 2\frac{1}{2}$
$= 10 \div \frac{5}{2}$
$= 10 \times \frac{2}{5}$
$= 4$

答　$4\ m^2$

やってみよう

1. $32\frac{1}{2}kg$ の肥料を $4\frac{2}{3}a$ の畑にまくと $1a$ あたり何 kg まいたことになるか？

2. $16d\ell$ の牛にゅうを，1人に $1\frac{3}{5}d\ell$ ずつ分けた。牛にゅうは何人に分けられたか？

3. 長さ $18cm$ のテープから $\frac{2}{3}cm$ のテープが，何本とれるか？

4. 面積が $1\frac{1}{20}m^2$ で，たて $\frac{3}{4}m$ の長方形がある。横の長さは何 m だろうか？

かけ算とわり算がまざった計算

3人が、3階へつづく階段をのぼっているとき、うしろからマクロの声がきこえてきた。

マクロ こんどは、3つの分数のかけ算やわり算、おまけに、小数や整数もまざっている計算なんだって。おいら、こんがらがっちゃうから、下で待ってるよ。

ユカリ あら、マクロちゃんって、からだのわりによわむしね。でも、ややっこしいことになりそうだわ。

第1のへや

階段をのぼりつめると、そこに第1のへやのドアがあり、問題が書いてあった。

このへやには、直方体の箱がおいてある。この箱は、たて $\frac{1}{3}$ m、横 $\frac{5}{4}$ m、高さ $\frac{7}{11}$ m だ。体積は何 m³ か？

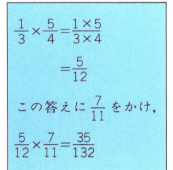

$\left(\frac{1}{3} m \times \frac{5}{4} m\right) \times \frac{7}{11} m$

たて×横×高さ
（面積）

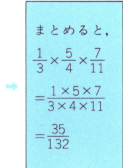

ピカット 体積は、面積に高さを、かけるといいんだ。だから、まず面積をもとめて、たて×横で、$\frac{1}{3} \times \frac{5}{4} = \frac{5}{12}$ これに、高さをかけると、$\frac{5}{12} \times \frac{7}{11} = \frac{35}{132}$ わりとかんたんな問題じゃないか。

ユカリ ええ、そのとおりだと思うけれど、面積が、たて×横なのだから、体積は、たて×横×高さで計算していいんじゃない？

サッカー そうか、そうすると、3つの分数のかけ算になるぞ。分子は分子どうし、分母は分母どうしかければいい。

ミクロ この問題は、約分がなかったけど、約分があるときは、どうなるかな？次のページにでてくるわ。

$\frac{1}{3} \times \frac{5}{4} = \frac{1 \times 5}{3 \times 4}$
$= \frac{5}{12}$

この答えに $\frac{7}{11}$ をかけ、

$\frac{5}{12} \times \frac{7}{11} = \frac{35}{132}$

まとめると、

$\frac{1}{3} \times \frac{5}{4} \times \frac{7}{11}$
$= \frac{1 \times 5 \times 7}{3 \times 4 \times 11}$
$= \frac{35}{132}$

答 $\frac{35}{132}$ m³

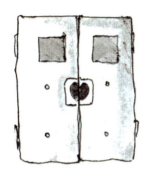

第2のへや

探険隊の3人が，3つの分数のかけ算をし終わったとき，そこで第2のへやのドアにぶつかった。

このへやには，かけ算とわり算がまざった問題がある。
$2\frac{2}{9}\times1\frac{5}{7}\times1\frac{13}{15}$，$\frac{3}{8}\times\frac{5}{6}\div\frac{15}{4}$ を計算してほしい。

$$2\frac{2}{9}\times1\frac{5}{7}\times1\frac{13}{15}=\frac{20}{9}\times\frac{12}{7}\times\frac{28}{15}$$
$$=\frac{\overset{4}{\cancel{20}}\times\overset{4}{\cancel{12}}\times\overset{4}{\cancel{28}}}{\underset{3}{\cancel{9}}\times\underset{1}{\cancel{7}}\times\underset{3}{\cancel{15}}}$$
$$=\frac{64}{9}=7\frac{1}{9}$$

サッカー 帯分数が3つだ。ミクロちゃんがいったとおり，約分が3組もある。ゆっくりやらないと，どれか忘れてしまいそうだね。

ユカリ 答えが仮分数になったら，帯分数に直すってことも，気をつけなくちゃ。

ピカット それじゃ，下の計算問題を探険してみようよ。

$$\frac{3}{8}\times\frac{5}{6}\div\frac{15}{4}=\frac{3}{8}\times\frac{5}{6}\times\frac{4}{15}$$
$$=\frac{\overset{1}{\cancel{3}}\times\overset{1}{\cancel{5}}\times\overset{1}{\cancel{4}}}{\underset{2}{\cancel{8}}\times\underset{2}{\cancel{6}}\times\underset{3}{\cancel{15}}}$$
$$=\frac{1}{12}$$

ユカリ 分数のわり算は，わる数を逆数にして，かけるんだったわね。だから，わり算がまざっていても，かけ算で計算できるわ。

ピカット すると，わる数が2つ以上あっても，みんな逆数にしてかければいいのかな？

オウム そのとおり。下の問題に，そういう問題があるから，探険してごらん。

$\boxed{\dfrac{3}{2}\div\dfrac{7}{5}\div\dfrac{13}{11}=\dfrac{3\times5\times11}{2\times7\times13}=\dfrac{165}{182}}$ 　　$\dfrac{3}{4}\times\dfrac{2}{7}\div\dfrac{8}{21}$ 　　$1\dfrac{11}{14}\times1\dfrac{1}{2}\div6\dfrac{3}{7}$ 　　$\dfrac{7}{9}\div\dfrac{14}{15}\times\dfrac{3}{4}$ 　　$3\dfrac{3}{4}\div6\dfrac{3}{4}\times2\dfrac{1}{10}$

$\dfrac{4}{3}\div\dfrac{7}{5}\div\dfrac{11}{10}$ 　　$\dfrac{37}{12}\div\dfrac{5}{36}\div\dfrac{55}{18}$ 　　$1\dfrac{1}{3}\div3\dfrac{1}{2}\div1\dfrac{3}{11}$

$\dfrac{5}{16}\div\dfrac{2}{3}\times\dfrac{1}{4}\div\dfrac{1}{2}$ 　　$\dfrac{7}{6}\times\dfrac{3}{7}\div\dfrac{5}{4}\div\dfrac{4}{9}$ 　　$3\dfrac{7}{8}\times1\dfrac{5}{6}\div\dfrac{2}{7}\div4\dfrac{1}{3}$

第3のへや

まるでジャングルみたいに，かけ算とわり算がからみあったへやをぬけでると，また，ドアがあった。

このへやは，整数がまざっている問題がはいっている。まずは，$\frac{7}{3} \div 5 \times \frac{7}{2}$ を計算してほしい。

$\frac{7}{3} \div 5 \times \frac{7}{2} = \boxed{\frac{7}{3} \div \frac{5}{1} \times \frac{7}{2}} = \frac{7}{3} \times \frac{1}{5} \times \frac{7}{2}$
$= \frac{7 \times 1 \times 7}{3 \times 5 \times 2}$
$= \frac{49}{30} = 1\frac{19}{30}$

サッカー こんどは，整数がまざっているけど，分数のかけ算になっちゃうね。整数の3を，$\frac{3}{1}$ という分数に直して考えれば，第2のへやの計算と同じになる。

ピカット この問題は，約分がなかったね。おや？ オウムのタロウが，何かいってるよ。

整数は，分数に直して計算しよう。下は約分がある計算だ。

$8 \div \frac{16}{5} \div 4 \times 1\frac{1}{3} = \frac{8}{1} \div \frac{16}{5} \div \frac{4}{1} \times \frac{4}{3}$
$= \frac{\overset{1}{\cancel{8}} \times 5 \times 1 \times \overset{1}{\cancel{4}}}{1 \times \underset{2}{\cancel{16}} \times \underset{1}{\cancel{4}} \times 3} = \frac{5}{6}$

ユカリ あら，ずいぶん長い計算問題ね。これも，整数を分数に直した式にして，計算すれば，まちがいなさそうね。

サッカー それと，約分に気をつけること。

ピカット どんなに長い計算でも，これでだいじょうぶだね。さて，へやのなかを探険しようよ。

やってみよう

$\frac{3}{4} \times \frac{2}{7} \div 4$　　$4\frac{1}{2} \div 5 \div 7\frac{5}{9}$　　$2\frac{1}{3} \div 6\frac{5}{6} \div 7$　　$\frac{1}{5} \div 6 \times 8$　　$3\frac{5}{13} \div \frac{5}{18} \times 26$　　$7 \div \frac{14}{5} \times 2\frac{1}{2}$

$\frac{5}{8} \times \frac{3}{14} \div 4 \times \frac{1}{9}$　　$4\frac{1}{6} \div 5 \times 1\frac{1}{4} \div 7\frac{5}{9}$　　$6\frac{3}{4} \times 1\frac{7}{9} \div 8 \div 3$　　$14 \div \frac{7}{5} \times 4 \div 11\frac{1}{2}$

第4のへや

かけ算やわり算がまざった計算になれた探険隊は、おちついて第3のへやをぬけでた。だが、そこは第4のへやだった。

ここは、小数と分数がまざりあったへやだ。ドアをあけるまえに、$\frac{4}{7} \times 1.5$ を計算してほしい。

$$\frac{4}{7} \times 1.5 = \frac{4}{7} \times \frac{\overset{3}{\cancel{15}}}{\underset{2}{\cancel{10}}} = \frac{\overset{2}{\cancel{4}} \times 3}{7 \times \cancel{2}} = \frac{6}{7}$$

ピカット ややっ、小数があるよ。でも、ピカッときたぞ。小数は分数に直せるってことさ。ここは、ぼくにまかせて。1.5は、$\frac{1.5}{1}$ のことだから、$\frac{1.5}{1.0} = \frac{15}{10}$ で、分数×分数になる。

サッカー そのとおりだけど、$\frac{15}{10}$ は約分して $\frac{3}{2}$ になるよ。

ピカット そうか、すると、$\frac{4}{7} \times \frac{3}{2} = \frac{4 \times 3}{7 \times 2}$ で、答えは $\frac{12}{14}$ だね。

ユカリ あら？ 4と2が約分できるわよ。

ピカット いけない。サルも木から落ちる。

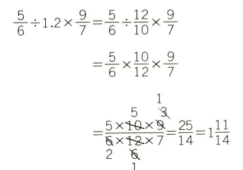

①小数は、かならず分数に直す。
②小数を分数に直したとき、その分数が約分できることがある。
が、だいじなことさ。
さて、次の計算のまちがいを直してごらん。

$$\frac{5}{6} \div 1.2 \times \frac{9}{7} = \frac{5}{6} \div \frac{12}{10} \times \frac{9}{7}$$
$$= \frac{5}{6} \times \frac{10}{12} \times \frac{9}{7}$$
$$= \frac{5 \times \overset{5}{\cancel{10}} \times \overset{3}{\cancel{9}}}{\underset{2}{\cancel{6}} \times \underset{6}{\cancel{12}} \times 7} = \frac{25}{14} = 1\frac{11}{14}$$

サッカー オウムのタロウが、まちがいを直せって、いっているよ。なんだか、すごい計算をしているぞ。

ピカット なんといっても、小数を分数に直した $\frac{12}{10}$ が、$\frac{6}{5}$ に約分できることだね。
あれ？ こりゃ、ひどい。わる数を逆数にしないで、かけ算してるじゃないか。

ユカリ まとめてみると、次のとおりね。

$$\frac{5}{6} \div 1.2 \times \frac{9}{7} = \frac{5}{6} \div \frac{\overset{6}{\cancel{12}}}{\underset{5}{\cancel{10}}} \times \frac{9}{7} = \frac{5 \times 5 \times \overset{3}{\cancel{9}}}{\underset{2}{\cancel{6}} \times \underset{2}{\cancel{6}} \times 7} = \frac{25}{28}$$

やってみよう

$\frac{2}{5} \times 1.4$　　$\frac{10}{7} \times 0.3$　　$2.7 \times \frac{8}{3}$　　$0.8 \times \frac{11}{4}$　　$\frac{3}{4} \div 1.2$　　$\frac{2}{9} \div 0.6$　　$5.2 \div \frac{5}{2}$　　$0.3 \div \frac{10}{3}$

$1.8 \times \frac{3}{5} \div 2.4 \times \frac{7}{10}$　　$0.6 \div 5 \times \frac{3}{4} \div 3.6$　　$\frac{2}{3} \times 5 \div 2 \times 4.5$　　$\frac{3}{4} \times 8 \div 2 \div 1.4$

加減乗除がまざった分数の計算

　3人が，第4のへやを出たところ，博士が，第5のへやのドアをあけて，待っていた。

博士　やあ，みんなきたね。さあ，おはいり。このへやは，たし算やひき算もまざった分数のへやなんじゃ。わしが，せつめいしてあげようと思って，みんなを待っていたんじゃよ。

サッカー　博士，この3階は，分数や小数のがらくたが，いっぱいつまっているみたいですね。

博士　これこれ，そんな悪口をいっちゃいかんよ。

博士　さて，みんなは下のような計算をやったことがあるじゃろう。

$$5+7\times(8-6\div 3)$$

ピカット　そうだ！ はじめての探険「たす・ひく・かける・わる」（第1巻）のおしまいでやったよ。あのときは，

① ( )のなかを先に計算する。

② 乗除と加減のまざったときは，乗除を先に計算する。

と，いうことでした。

博士　ふむ。すると，この計算では？

サッカー　( )のなかだよ。

ピカット　( )のなかは，$6\div 3$ からです。

博士　じゃ，計算順に番号をふってごらん。

$$
\begin{aligned}
5+7\times(8-6\div 3) &= 5+7\times(8-2) \\
&= 5+7\times 6 \\
&= 5+42 \\
&= 47
\end{aligned}
$$

ユカリ　これで，どうですか，博士。

博士　それでいいんじゃ。

博士　みんな，しっかりわかっているようだから，こんどは，小数や分数がまざった計算をやってみよう。この問題じゃ。

$$\frac{5}{7}+2.1\div\left(\frac{3}{5}-\frac{1}{3}\right)$$

ピカット　( )のなかからだけど，通分しなくちゃ。それに 2.1 を分数に直して，( )のなかの答えを逆数にしてかけて，それから，その答えと $\frac{5}{7}$ を通分してたす。どうかな？

サッカー　ほんとに，こんがらがっちゃうな。なんとか，まとめてみてよ。

$$
\begin{aligned}
\frac{5}{7}+2.1\div\left(\frac{3}{5}-\frac{1}{3}\right) &= \frac{5}{7}+\frac{21}{10}\div\left(\frac{9}{15}-\frac{5}{15}\right) \\
&= \frac{5}{7}+\frac{21}{10}\div\frac{4}{15} = \frac{5}{7}+\frac{21\times\overset{3}{\cancel{15}}}{\underset{2}{\cancel{10}}\times 4} \\
&= \frac{5}{7}+\frac{63}{8} = \frac{40}{56}+\frac{441}{56} = \frac{481}{56} = 8\frac{33}{56}
\end{aligned}
$$

ピカット　さて，これでどうだい？ ぼくにしては，ちょっと時間がかかっちゃったけど，まちがってないはずだよ。

ユカリ　まったく，くたびれる問題ね。わたしも計算したけど，答えは同じよ。

博士　よくやったね。サッカー君がいうように，がらくただが，やりがいがあるじゃろう。

　小数と分数の探険は、終わった。3人が分数館の屋上にいってみると、もうマクロとミクロがきていた。なんとおいしい空気、そして、見たこともないひろびろとした景色。みんなは、ブラックにいじめられたことも忘れて、明日からの探険を話しあっていた。

1. 計算しよう。

$0.5 + 0.2 \div \frac{1}{6}$ 　　$2.3 + \frac{1}{3} \times 0.2 - 0.12 \times \frac{7}{9}$ 　　$0.3 \times \frac{5}{6} - 0.18 \div \frac{6}{7}$ 　　$8.1 - 6.3 + 1\frac{2}{7} \div 0.2$

$3.7 - \frac{2}{3} \times \frac{1}{4}$ 　　$\left(3.6 - 1\frac{4}{7}\right) \div \frac{9}{14} + 0.5$ 　　$\left(\frac{5}{8} - 0.3\right) \times \frac{4}{7} + 2\frac{13}{14}$ 　　$8 - \left(3\frac{3}{4} - 0.75\right) \div 1\frac{1}{2}$

2. たて$\frac{4}{9}$ m、横$\frac{3}{5}$ m の長方形の紙から、たて$\frac{1}{8}$ m、横$\frac{2}{5}$ m の長方形をきりぬいた。残った紙は何 m² か。ひとつの式で表わそう。

3. 1 m 35円のコードを $2\frac{2}{3}$ m と、1 m 40円のコードを $3\frac{1}{4}$ m 買った。いくらはらえばいいか。式はひとつにまとめて書こう。

4. 底辺が $\frac{17}{6}$ cm、高さ3.6 cm の三角形の面積をもとめよう。

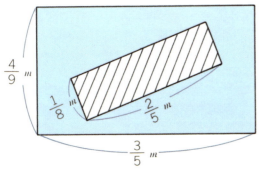

みんな、おりておいでよ！
博士がよんでいるよ。
小人のチック、タック、ボーン、ボンもおわかれをいいにきているんだ。

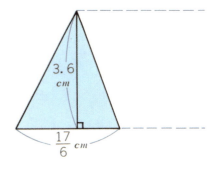

とても楽しかっただけに，とても別れがつらかった。でもぼくは，だんだんと算数がすきになる。みんなのこと，マクロや，ミクロちゃんや，グーグーや，博士のことを思い出すたびに，すぐに算数の国に飛んで行きたくなる。あのブラックでさえ，なつかしくなるんだ。ああ，ぼくに，オウムのタロウのような羽根があったらなあ！

サッカー

算数の探険 —— 3
小数と分数

■著 —— 遠山　啓
■絵 —— 伊沢春男
■文章協力 —— 手島悠介
■発行者 —— 高野義夫
■発行所 —— 株式会社日本図書センター
郵便番号112-0012　東京都文京区大塚３－８－２
電話　営業部 03（3947）9387　出版部 03（3945）6448
http://www.nihontosho.co.jp
■印刷・製本 —— 図書印刷株式会社
■2011 年 6 月 25日　初版第１刷発行
■2013 年12 月 10日　　第２刷発行

2011 Printed in Japan
乱丁・落丁はお取り替えいたします。

ISBN978-4-284-20189-6
ISBN978-4-284-20192-6（第３巻）
NDC410

＜本書について＞
・本シリーズ「算数の探険」は，ほるぷ出版より1973年に刊行された『算数の探険』（全
　10巻）を復刊したものです。
・内容は，原則として初刊のままですが，明らかな誤字脱字は正し，現代からすると
　不適切な表現には，もとの文章の意図を変えない範囲で修正を加えています。
・時代を経たことによってわかりにくくなった箇所には本文に＊印を付し，短い注を
　加えました。＜注＞として補ったところもあります。
・装幀は初刊の装幀をできるだけ生かしました。また，初刊に付されていた「解説ノ
　ート」や教具などの付録は割愛しました。
・本書の著作権関係については十分に調査いたしましたが，お気づきの点がありまし
　たら，出版部までご連絡ください。